Erich Klansek / Paul Herberstein

Rebhuhn & Fasan

Fibel

Österreichischer Jagd- und Fischerei-Verlag

2. Auflage (Erstauflage 2015)

Titelbild: Stefan Meyers (Rebhuhn), Markus Zeiler (Fasan)

Fotos: Sven-Erik Arndt (Seite 39 oben, 44, 86 o., 91 u., 92 o.);
Joachim Arp (90 unten, 91 o.); Michael Breuer (33, 39 u.);
Reiner Bernhardt (37 o., 38 o.); Manfred Danegger (43 o., 48);
Jürgen Gauß (87 o.); Erich Klansek (34-36, 82-85);
Franz Kovacs (94-95); Stefan Meyers (37 u., 81, 87 u., 88 o., 89, 96);
Michael Migos (88 u., 93); Helmut Pum (86 u.); Willi Rolfes (42);
Klaus Schendl (45 o.); Adolf Schilling (38 u., 41, 43 u.);
Jörg Tillmann (40 u., 45 u., 46, 47);
Miroslav Vodnansky (40 o., 90 o., 92 u.).

Zeichnungen: Hubert Zeiler

Verlagsassistenz und Sekretariat: Angela Rosen-Pleyel

Obergockel: Michael Sternath
Endoujoulai: desertairinoul Thurd. Nogala round. Quiat dés withdoggielune.

Repro: Blaupapier, Wien (Gernot „Heißsporn“ Weninger)
SW: Sandra „Federboa“ Bichler

Gesamtherstellung: Druckerei Theiss, Sankt Stefan im Lavanttal

ISBN 978-3-85208-132-8

Vorwort

Rebhuhn und Fasan – damit verbindet man als Jäger stimmungsvolle Bilder: Bilder von herbstlichen Gesellschaftsjagden auf bunte Fasane oder von Hühnersuchen im kleinen Kreis, um das ein oder andere Rebhuhn zu erlegen.

Und viele dieser Bilder werden wohl aus der Erinnerung stammen, weil die Jagd auf diese beiden Hühnervögel keine Selbstverständlichkeit mehr ist. Die Fasanstrecken sind vielerorts bescheiden geworden, und die Jagd auf das Rebhuhn ist ohnehin in den meisten Revieren längst Geschichte.

Diese Fibel will Rebhuhn und Fasan wieder Leben einhauchen. Sie will das Wissen über diese so unterschiedlichen Hühnervögel auffrischen und das Auge schärfen, wo und wie sie in unserer Kulturlandschaft ein langfristiges Zuhause finden können. Und natürlich will sie auch festhalten, worüber man gerade heute rund um die Hühnerjagd Bescheid wissen sollte. Kurz: Eine Fibel, die dazu beitragen soll, zwei faszinierende Wildarten nicht bloß sentimental in Erinnerung zu halten, sondern vor allem lebendig in unserer Natur.

Österreichischer Jagd- und Fischerei-Verlag

Inhalt

1. Grundsätzliches zu Hühnervögeln

Hühnervögel sind weltweit in fünf Familien und in ungefähr 250 Arten verbreitet. Mit 175 Arten stellen die Fasanenartigen die mit Abstand größte Familie dar, zu denen auch Rebhuhn und Fasan zählen.

In den nun folgenden Kapiteln finden sich kurz zusammengefasst jene Eckdaten, die beide Wildarten gemeinsam haben: vom bemerkenswerten Körperbau bis hin zur Lebensweise als Bodenbrüter.

Vorab ein Wort zur Bezeichnung der männlichen Hühnervögel: Der Einheitlichkeit halber werden diese nachfolgend als „Hähne“ bezeichnet. Selbstverständlich wäre aber auch die jagdliche Bezeichnung „Hahnen“ passend.

Körper und Aussehen

Hühnervögel sind zumeist Kurzstreckenflieger mit großem Körper und eher kurzen, abgerundeten Flügeln. Je nach Art erreichen heimische Hühnervögel ein Gewicht von 70 Gramm, wie etwa die Wachtel, bis hin zu 5 Kilogramm, wie etwa der Auerhahn. Sie sind gut an das Bodenleben angepasst und besitzen kräftige Lauf- und Scharrbeine mit vier Zehen. Der Schnabel ist meist kurz, kräftig und etwas nach unten gebogen.

Beim Gefieder gibt es bei den Hühnervögeln eine große Bandbreite: von schlichtem Graubraun als perfekte Tarnung bis zu schillernd bunt. Die Länge der Stoßfedern reicht von kaum vorhanden bis zu einem Meter, wie beim Pfau. So ist etwa auch das gedrungene Rebhuhn extrem kurzschwänzig, während der mit ihm verwandte Fasan auffallend lange Schwanzfedern besitzt.

Bei vielen Arten ist der Sexualdimorphismus – also markante Unterschiede zwischen den Geschlechtern in Körpergröße oder Färbung – stark ausgeprägt: Der Hahn ist auffälliger gefärbt, hat längere Schwanzfedern und einen durch nackte, farbige Hautlappen und bunte Federn verzierten Kopf. Auch hier zeigen sich bei Rebhuhn und Fasan große Unterschiede: Hahn und Henne unterscheiden sich beim Rebhuhn farblich kaum. Fasanhähne sind hingegen im Vergleich zu den tarnfarbigen Hennen auffallend bunt.

Lebensräume

Hühnervögel haben eine Vielzahl von Lebensräumen besiedelt. Man findet sie heute im Hochgebirge genauso wie in Steppen oder Wüsten. Viele Arten leben fast ausschließlich auf dem Boden und fliegen nur selten.

Einzelne Arten sind auch domestiziert worden und haben heute als Ei- und Fleischlieferanten große Bedeutung für den Menschen.

Ernährung und Verdauung

Hühnervögel sind vor allem Samen- und Grünpflanzenfresser, nur die Küken ernähren sich in den ersten Lebenswochen weitgehend von Kleintieren, wie etwa Insekten.

Hühner haben daher auch einen speziellen Verdauungstrakt zur Aufnahme, Zerkleinerung und Verdauung der pflanzlichen Nahrung sowie für die Ausscheidung unverdaulicher Reste. Nach der Aufnahme der Nahrung mit dem Schnabel wird diese in der Mundhöhle mit Speichel durchmischt. Eine Zerkleinerung findet nicht statt, da die Vögel kein Gebiss haben.

Anschließend gelangt die Nahrung über die Speiseröhre in den Kropf: einer beutelförmigen Erweiterung der Speiseröhre (siehe Foto Seite 95 unten). Im Kropf wird das Futter vorübergehend gespeichert und aufgequollen. Dies ermöglicht den Hühnervögeln, in kurzer Zeit viel Nahrung aufzunehmen, um danach zur Verdauung länger in sicherer Deckung verbleiben zu können. Durch Spannung der Kropfwand wird die Nahrung dann weiter in den Magen transportiert.

Der Magen des Huhnes ist in zwei Abschnitte unterteilt: in den oberen Drüsenmagen und den unteren, mächtigen Muskelmagen. Im Drüsenmagen beginnt der Verdauungsprozess, im daran anschließenden Muskelmagen sorgen eine mächtige Muskulatur und mahlende Bewegungen dafür, dass die aus vorwiegend Körnern und Pflanzen bestehende Nahrung zerkleinert wird. Unterstützt wird dieser Vorgang durch aufgenommene

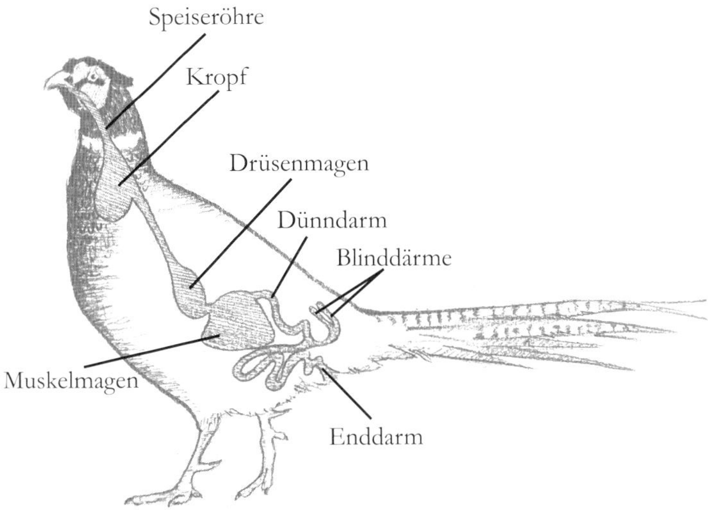

Steinchen, etwa Kieselsteine. Diese Steinchen – auch „Weidkörner" oder ornithologisch „Grit" genannt – haben einen Durchmesser von 3 bis 5 Millimetern. Sie runden und nutzen sich aber mit der Zeit ab und werden daher vom Huhn immer wieder neu aufgepickt, damit sie wie Mühlsteine die Nahrung ständig fein zerreiben.

Der zerkleinerte Nahrungsbrei wird danach in den Dünndarm transportiert. Dort findet die hauptsächliche Verdauung statt, und dem Nahrungsbrei werden wichtige Stoffe wie Kohlenhydrate oder Eiweiß entzogen.

Der daran anschließende Dickdarm besteht aus den paarigen, großen Blinddärmen und dem Enddarm. Dort werden schließlich dem Nahrungsbrei noch Wasser und Salze entzogen, was zur Eindickung des Darminhaltes führt.

Die Ausscheidung der Nahrungsreste erfolgt schließlich über die Kloake (siehe Foto Seite 94 oben), in die sowohl der Harnleiter als auch Ei- und Samenleiter einmünden. Der Inhalt der Blinddärme wird als breiige Masse getrennt von der übrigen Losung abgesetzt. Die dafür gängige Bezeichnung „Balzpech" hat aber nichts mit der Paarungszeit zu tun, da diese Losung das ganze Jahr über abgesetzt wird.

Nahrung

Für die Verdauungsleistung sind Länge und Fassungsvermögen des Verdauungstraktes von Bedeutung. Die Länge des Magen-Darm-Traktes im Vergleich zur Körperlänge beträgt bei Hühnervögeln aber lediglich 1:6 bis 1:8 und ist damit wesentlich kürzer als etwa beim Schwein (1:14) oder bei einem Wiederkäuer (1:20).

Hühnervögel benötigen aufgrund des geringen Fassungsvermögens und der relativ geringen Verweildauer der Nahrung im

Verdauungstrakt daher vor allem hochverdauliches, rohfaserreiches und wenig füllendes Futter.

Lebensweise

Alle heimischen Hühnervögel sind Bodenbrüter, die Küken Nestflüchter. Sie kommen sehend und mit Federkleid zur Welt, können kurz nach dem Schlüpfen laufen und werden von den Eltern nicht gefüttert. Bereits nach wenigen Tagen wagen die meisten Hühnervögel-Küken erste Flugversuche.

Allen Hühnervögeln gemeinsam ist zudem die Liebe zum „Hudern". Die Sandbäder dienen dazu, das Gefieder zu trocknen und sich vor Parasiten zu schützen.

Beim Auffliegen hört man bei Hühnervögeln zudem meist ein „burrendes" Fluggeräusch.

2. Rebhuhn

Geschichte

Das Rebhuhn – auch „Feldhuhn“ oder, in Österreich, kurz „Hendl“ genannt – ist ein Steppenvogel, der heute in weiten Teilen Europas und Asiens heimisch ist. Als Kulturfolger drang das Rebhuhn nach den Eiszeiten aus den Grassteppen Osteuropas bis nach Westeuropa vor. Bereits im Mittelalter war es ein begehrtes Jagdwild.

Noch vor wenigen Jahrzehnten gab es in Mitteleuropa jährlich Strecken von mehreren Millionen Stück. Heute ist es aber in der zunehmend industrialisierten Feldflur zur Seltenheit geworden und vielerorts verschwunden. Daher wurde die Jagd auf das Rebhuhn in vielen Ländern drastisch eingeschränkt oder gänzlich eingestellt – vielerorts aber ohne Zunahme der Besätze.

Anhand von unterschiedlicher Körpergröße und Gefiederfarbe – von blass und hell bis rotbraun und dunkel – sind zur Zeit acht Unterarten des Rebhuhns bekannt. Die Verbreitungsgebiete reichen von Westsibirien bis Frankreich und von Finnland bis zum südlichen Apennin in Italien. Im Folgenden wird die vor allem in Mittel- und Nordeuropa vorkommende Unterart *Perdix perdix perdix* beschrieben.

Über den ursprünglichen Lebensraum hinaus, wurden Rebhühner auch in Nordamerika und Neuseeland eingebürgert.

Lebensraum

Als ursprüngliche Steppenbewohner fühlen sich Rebhühner in übersichtlichen, offenen Landschaften mit einzelnen Buschgruppen am wohlsten. Sie erreichen auf warmen, fruchtbaren Böden die größten Dichten. Nasskalte, arme Böden meiden sie, ebenso Waldgebiete.

In Mittel- und Nordeuropa bevorzugen Rebhühner das Tiefland bis zu einer Seehöhe von etwa 300 Metern, im Süden und Westen besiedeln sie auch etwas höhere Lagen bis 600 Meter Seehöhe. Inselartig können sie auch noch darüber hinaus vorkommen.

Besonders geeignete Lebensräume sind kleinparzellierte und somit grenzlinienreiche, offene Kulturlandschaften mit Brachflächen. Auch landwirtschaftlich nicht genutzte Randbereiche von Siedlungen oder Gärten werden bisweilen besiedelt.

Bei hoher Dichte brauchen Rebhühner Sichtschutz zwischen den einzelnen Paaren. Dieser ist bereits ab etwa 30 Zentimeter Höhe ausreichend. Dicht und hoch stehende Getreideschläge, Sonnenblumen- oder Maisäcker werden nur an deren Rand regelmäßig genutzt, ansonsten meiden Rebhühner solche Flächen.

Ein Lebensraum mit hoher Grenzliniendichte ist die beste Voraussetzung, damit sich das Rebhuhn während Brut und Aufzucht wohlfühlt. Die Nester legen sie bevorzugt in Feldrainen, Brachen oder Wiesen an, ebenso aber auch in Feldern mit Wintergetreide, Klee, oder etwa Luzerne. Für den Tageseinstand suchen Rebhühner gern niedrige Buschgruppen und unterwuchsreiche Hecken auf.

Ist im Winter solche Deckung nicht oder nicht ausreichend vorhanden oder bilden zu wenige Vögel eine sich gegenseitig wärmende Gruppe, können strenge Winter zu hohen Verlusten bis zu einem Totalausfall führen.

Rebhühner sind aber weniger durch harte Wetterbedingungen als durch zunehmenden Verlust von geeignetem Lebensraum in ihrem Bestand gefährdet. Die für Rebhühner so wichtigen Brachen werden immer weniger, und auch die frühere, rebhuhnfreundliche Dreifelder-Wirtschaft mit einer Fruchtfolge von Getreide – Hackfrucht – Brache ist selten geworden. Um den Bestand des Rebhuhns in unseren Breiten langfristig zu sichern, bedarf es daher unbedingt gemeinsamer Anstrengungen von Jägern, Naturschutzorganisationen, Landwirten und Ornithologen, um ihm trotz zunehmender großflächiger landwirtschaftlicher Industrialisierung Lebensräume zu erhalten oder auch neu zu schaffen.

Wiederansiedlung und Aussetzung

Ohne geeigneten Lebensraum geht es nicht. Rebhühner in Revieren mit bereits fehlendem oder sehr geringem Besatz einfach nur wieder anzusiedeln oder Bestände aufzustocken, führt daher nicht zum Erfolg. Am ehesten gelingt eine Wiederansiedlung mit wild gefangenen Paarhühnern. Das Aussetzen von Jungvögeln ist hingegen ganz selten von Erfolg gekrönt.

Obwohl in der Regel standorttreu, wandern ausgesetzte Hühner bis zu vier Kilometer weit ab, in Einzelfällen sogar bis zu zwanzig Kilometer.

Fortbewegung

Als Bodenvögel bewegen sich Rebhühner meist laufend fort. Bei Gefahr drücken sie sich. Werden sie dennoch entdeckt und aufgestöbert, bringen sie sich entweder laufend in Sicherheit oder fliegen in geringer Höhe über dem Boden bis zur nächsten Deckung. Dabei wechseln sich rasche Flügelschläge mit kurzem Gleitflug ab. Solche Flüge enden aber meist schon nach wenigen hundert Metern.

Lebensweise

Rebhühner leben monogam. Hahn und Henne führen zumindest Jahresehen oder bleiben sogar ein Leben lang zusammen. Gemeinsam mit dem Nachwuchs bildet das Rebhuhnpaar eine Familie, die als sogenannte „Kette“ über den Winter zusammenbleibt. Schließen sich mehrere Ketten im Winter zusammen, spricht man von einem „Volk“. Ein solches Verhalten erhöht bei großer Kälte die Überlebenschancen, da eng an eng gekuschelt die Körperwärme besser gehalten werden kann.

Zeitig im Jahr lösen sich die Ketten wieder auf, ehe zwischen Februar und März Hahn und Henne wieder zusammenfinden. In dieser noch kükenlosen Zeit bezeichnet man Hahn und Henne als „Paarhuhn“.

Mit der Auflösung der Winterverbände beginnt auch die Revierbesetzung. Die Wahl des Nistplatzes erfolgt erst kurz vor Brutbeginn im April oder Mai.

Rebhühner sind überwiegend tag- und dämmerungsaktiv.

Balz

Die Balz unmittelbar nach dem Winter verläuft recht unauffällig, da sich die Partner in der Regel schon kennen. Die Rufe des

Hahnes dienen daher nicht dem Anlocken von paarungswilligen Hennen, sondern vielmehr, um das Territorium akustisch abzustecken, andere Hähne abzuwehren oder auch dazu, die Partnerin in Paarungsstimmung zu bringen. Interessant bei dieser Einzelbalz ist auch, dass sich näher verwandte Rebhühner nicht miteinander paaren. Dadurch wird Inzucht verhindert.

Eiablage und Brut

Nach der Paarung scharrt die Henne für die Eiablage eine mehr oder weniger tiefe Mulde, die sie mit Pflanzenteilen auskleidet. Sie bevorzugt dafür Remisen, Hecken- und Gebüschreihen, legt solche „Nester" aber auch in Feld-, Graben- und Wegrändern an, die ausreichend mit Gräsern und Kräutern bewachsen sind. In Ackerkulturen selbst findet man solche Mulden meist nur in Randzonen. Oft hilft das Gestüber der Henne dabei, ihr Gelege zu entdecken.

Die Eiablage beginnt meist Ende April oder Anfang Mai. Der genaue Zeitpunkt hängt aber immer von der Witterung ab. Die Henne legt dabei durchschnittlich 12 bis 15 Eier, in Ausnahmefällen sogar bis zu 20. Normalerweise legt sie täglich ein Ei, unter Umständen kann der Legeabstand aber auch zwei Tage betragen. Nach dem Legen des letzten Eies beginnt die Henne rund 25 Tage zu brüten. Nur die Henne kümmert sich um das Brutgeschäft. Alle Küken schlüpfen meist innerhalb weniger Stunden. Bei Verlust des Erstgeleges legt die Henne in der Regel ein zweites an: ein sogenanntes Stumpfgelege.

Der Hahn übernimmt in dieser Zeit vor allem die Aufgabe des Wächters. Aufmerksam beobachtet er die Umgebung und warnt, wenn Gefahr droht. Hähne zeigen dabei nicht nur besonderen Mut, sondern auch Selbstlosigkeit: Nähert sich etwa ein Fuchs oder Greifvogel, versucht der Hahn oftmals die Aufmerksamkeit weg von Henne und Nachwuchs auf sich zu ziehen, indem er eine Verletzung vortäuscht und Schwinge oder Ständer nachzieht. Bisweilen bezahlt er diesen Wagemut mit dem Leben.

Jungenentwicklung

Das erste Gefieder der Küken, das Dunenkleid, weist gelbe, braune, graue sowie schwarze Färbungen auf und bietet so auf der Freifläche eine perfekte Tarnung. Rebhuhn-Küken sind ausgesprochene Nestflüchter und verlassen bereits am zweiten Tag nach dem Schlüpfen unter Führung der Henne den Brutplatz. Eine Henne mit ihren Küken bezeichnet man als „Gesperre".

Auch die erste Nahrung nehmen Küken gewöhnlich an ihrem zweiten Lebenstag auf, ebenfalls völlig selbstständig und ohne Hilfe der Eltern. Bereits nach wenigen Tagen unternehmen sie die ersten Flugversuche, nach etwa 10 Wochen können sie bereits weitere Flugstrecken zurücklegen.

Nahrung

Vor allem während der ersten drei Lebenswochen sind die Küken ausschließlich auf Kleinsttiere wie Blattläuse, Käfer, Ameisen und deren Puppen sowie Schmetterlingsraupen, Spinnen oder Schnecken angewiesen. Größere Schmetterlingsraupen werden dabei manchmal von mehreren Küken gleichzeitig angegriffen und förmlich „in der Luft zerrissen".

Ab der vierten Lebenswoche nehmen die Jungvögel mehr und mehr pflanzliche Nahrung auf. Bevorzugt werden dabei Klee, junge Getreidepflanzen, Getreidekörner und die Samen von Wildkräutern.

Der tägliche Nahrungsbedarf ist jahreszeitlich verschieden und liegt zwischen 25 und 80 Gramm. Zur Pflanzennahrung nimmt das Rebhuhn auch regelmäßig Magensteinchen auf. Der Wasserbedarf ist gering und wird vorwiegend über die Grünäsung abgedeckt.

Sinne

Der Geruchssinn ist beim Rebhuhn nur wenig ausgeprägt. Um Feinde früh zu erkennen, spielen vor allem Sehkraft und Gehör eine wesentliche Rolle. Seitlich am Kopf sitzende Augen ermöglichen dabei einen Rundumblick – auch nach oben, um auch Angriffe aus der Luft frühzeitig zu erkennen.

Körperpflege

Wie andere Hühnervögel nimmt das Rebhuhn regelmäßig Sandbäder. Der feine Sand hilft dabei, das Gefieder zu trocknen und schützt vor Parasiten. Rebhühner hudern gerne in kleineren Gruppen (siehe Foto Seite 45 oben). Entsprechend groß sind daher zum Teil auch die Huderplätze angelegt (siehe Foto Seite 34 oben).

Im Revier

Spuren

Das Rebhuhn ist ein Meister der Tarnung und bei ausreichend Deckung nur schwer auszumachen. Dennoch gibt es auch beim Rebhuhn die eine oder andere Spur, die seine Gegenwart verrät.

Huderplätze

Die Huderplätze der Rebhühner sind meist als leichte Mulden angelegt. Man findet diese vor allem an sonnigen Stellen.

Ruheplätze

Nächtliche Ruheplätze am Boden erkennt man meist gut an einer größeren Ansammlung von Gestüber.

Gestüber

Das Gestüber bei erwachsenen Rebhühnern hat eine längliche Form und misst rund 2 Zentimeter. Abhängig von der Äsung ist es braun, grau oder grün. Im frischen Zustand findet man an dessen Ende einen weißen Harnsäureüberzug. Küken setzen kleine, rundliche Kotballen ab.

Während der Brutzeit bleiben die Hennen so lange wie möglich auf dem Nest und verlassen das Gelege nur in sehr dringenden Fällen – etwa zum Äsen oder eben zur Kotabgabe. Eine solche Brutlosung ist dann hartknollig.

Der schwärzliche, übelriechende und breiige Blinddarmkot wird meist nur einmal täglich abgesetzt.

Geläuf

Wie alle anderen Hühnervögel hat auch das Rebhuhn vier Zehen: drei Zehen vorne und eine nach rückwärts gerichtete Hinterzehe. Diese wächst aber im Gegensatz zum Fasan etwas höher am Ständer, wodurch sich das Rebhuhn nicht so fest wie der Fasan auf Ästen oder Zweigen halten kann.

Tritt und Geläuf eines Rebhuhns ähneln sehr dem Fasan. Sie sind am ehesten im unmittelbaren Größenvergleich und anhand der Schrittweite zu unterscheiden.

Tritt und Geläuf eines Rebhuhns.

Lautäußerungen

Rebhühner hinterlassen nicht nur sichtbare Spuren, sie sind auch zu hören. Wann und wieso Hahn und Henne Laute von sich geben, kann verschiedene Gründe haben.

Revierabgrenzung

In einem Rebhuhn-Revier wird man vor allem Hähne hören. Ihr durchdringender, heiserer Revierruf „*gierreck*“ oder „*kirreck*“ dient vor allem dazu, das eigene Revier gegenüber männlichen Rivalen abzustecken. Diese Rufe sind in regelmäßigen Abständen vor allem morgens und mehr noch abends zu hören – von der Dämmerung bis zur völligen Dunkelheit und noch kurz danach.

Paarbildung

Bedeutung haben die oben beschriebenen Lautäußerungen auch bei der Paarbildung, wohl auch, um die Stimmung zwischen den Brutpartnern und den anderen Mitgliedern eines Volkes ein wenig auszuloten. Die Nachahmung der Rufe – sei es über Tonband oder mit Hilfe eines Lockers – animiert mitunter die anwesenden Hähne, zu antworten. Das kann durchaus hilfreich sein, wenn man wissen will, wo sich die Hähne befinden.

Im Familienverband

Der Ruf der Hennen ist leiser, insbesondere wenn sie die Küken piepsend führen. Scheucht man eine ganze Kette hoch, ertönt oft ein „*kerripriprip*“.

Fluggeräusch

Das typische Burren kommt von den schnellen Flügelschlägen der Rebhühner. Es wechselt sich mit dem lautlosen Gleiten ab, wenn die Hühner mit ihren etwas nach unten gewölbten Flügeln knapp über den Boden streichen.

Wildkörper

Die wichtigsten Eckdaten – von der Größe bis hin zur Alterserwartung – finden sich im nun folgenden Kapitel.

Zahlen und Maße

Das Rebhuhn ist ungefähr so groß wie eine Taube und wird zwischen 300 und 400 Gramm schwer. Die Körperlänge beträgt rund 30 Zentimeter, die Länge der Flügel an die 17 Zentimeter. Zwischen Hahn und Henne gibt es keine markanten Größen- oder Gewichtsunterschiede.

Rebhühner werden in freier Wildbahn bis zu 5 Jahre alt, in Gefangenschaft erreichen sie mitunter auch bis zu 7 Jahre.

Federkleid

Das nahezu identische Aussehen von Hahn und Henne erklärt sich vor allem durch die monogame Lebensweise, die auffallendes Werben und Imponiergehabe der Hähne überflüssig macht. Dennoch gibt es bei genauerer Betrachtung feine Merkmale, anhand derer man die Geschlechter in freier Wildbahn unterscheiden kann – allerdings meist nur aus unmittelbarer Nähe.

Nestling/Küken

Da Rebhühner als Nestflüchter sehr schnell auf eigenen Ständern stehen und der Henne folgen, bezeichnet man sie bereits kurz nach dem Schlüpfen als Küken – ungefähr die ersten drei Lebenswochen lang, solange sie ausschließlich tierische Nahrung zu sich nehmen (siehe Fotos Seite 40).

Das Daunengefieder der Küken ist auf der Unterseite leicht gelblich bis cremefarben. Die Kopfseiten und der Kehlbereich haben eine überwiegend gelbliche Färbung, der Scheitel ist rostfarben mit schwärzlichen Längsstreifen. Im Gesichtsfeld sowie an den Halsseiten und im Nacken sind deutlich feine dunkle Punkte zu erkennen. Der gesamte Rücken ist dunkelbraun, die Flanken sind eher rotbraun.

Jungvogel

Ab etwa der vierten Lebenswoche werden die Küken schließlich zu Jungvögeln (siehe Foto Seite 41 oben). Sie haben dann ein unscheinbar gelbbraunes Gefieder, das bereits dem Schlichtkleid von ausgewachsenen Rebhühnern ähnelt. Brust und Flanken sind gelblichbraun. Bei einzelnen Federn ist eine weißliche und bräunliche Säumung vorhanden. Die Bauchseite ist überwiegend weiß, die Unterschwanzdecken gelblichbraun. Auch die Färbung der Stoßfedern ähnelt bereits erwachsenen Vögeln. Die Hand- und Armschwingen haben eine auffällige weiße, aus Binden bestehende Zeichnung.

Junge Hähne erkennt man in diesem Alter mitunter an der Kehle: Sie ist weißlich und kann eine leicht gelblichbraune Tönung zeigen.

Hennen sind bereits deutlich an einer eher schwärzlichen Kopfplatte zu erkennen, die mit feinen braunen Schaftstrichen durchsetzt ist. Die Kopfseiten der Federn sind dunkelbraun, die Schäfte sind weiß gezeichnet.

Ein nicht ausgewachsenes Rebhuhn wird auch als „Gabelhuhn" bezeichnet: Sein Stoß weist nur die äußeren Federn auf, was diesen gabelförmig erscheinen lässt. Diese Gabelung verschwindet mit etwa 4 bis 5 Monaten. Erst ausgewachsene Rebhühner ab dem 8. Lebensmonat sind „vollschwänzig".

Erwachsener Vogel

Ab der Geschlechtsreife mit rund 8 Monaten ist das Rebhuhn schließlich erwachsen. Rebhühner sind dann vom Federkleid her nicht mehr von überjährigen Altvögeln zu unterscheiden. Und sie tragen wie die Altvögel auch im Frühjahr und Sommer das Prachtkleid, im Herbst und Winter das Schlichtkleid. Die augenfälligsten Unterscheidungsmerkmale zwischen Hahn und Henne sind nachfolgend beschrieben.

Vorab sei allerdings bemerkt, dass es in Sachen Gefiederfarbe oder Musterung keine Standards beim Rebhuhn gibt. Es kommt immer wieder zu individuellen Besonderheiten.

- Unterscheidung von Hahn und Henne im Prachtkleid:

Im Prachtkleid unterscheiden sich Hahn und Henne noch am deutlichsten. Der Hahn hat ein oranges bis rotbraunes Gefieder auf der Stirn, auf den Kopfseiten sowie am Kinn und im daran anschließenden Kehlbereich. Die Ohrdecken setzen sich in diesem Bereich dunkelbraun ab (siehe Foto Seite 46 oben). Das Rosenfeld um die Augen ist karminrot. Insgesamt wirkt die Gesichtsfärbung des Hahnes lebendig.

Die Henne hat im Vergleich zum Hahn ein blasses, gelblichrotbraunes „Gesicht". Ihr Oberkopf ist durch breite, ovale Schaftflecken gekennzeichnet, die weiß bis gräulich eingefasst sind. Die Ohrdecken sind schwarzbraun, durchsetzt mit feinen weißen Strichen (siehe Foto Seite 46 unten). Die Henne hat kein rotes Rosenfeld, sondern lediglich einen hellen Überaugenstreif.

Hals, Brust und der vordere Teil des Rückens sind beim Hahn hellgrau mit einer feinen schwärzlichen Wellung auf den dortigen Federn. Die Seiten der Brust und die Körperflanken haben kastanienbraune Binden.

Die Henne ist an Hals und Brust hingegen braun, mit unregelmäßig verteilten gelblichen Schaftstrichen und Schaftflecken. Stellenweise ist auch eine gelblichbraune Querbänderung vorhanden.

- Unterscheidung von Hahn und Henne im Schlichtkleid

Beim Hahn sind im Schlichtkleid die Halsfedern hellbraun, mit sehr hellen Schaftstreifen. Die Hennen haben dort hingegen schwarze Muster und tropfenartige Flecken mit weißlicher oder schwärzlicher Umrandung.

Ein weiteres Unterscheidungsmerkmal ist die Zeichnung der Deckfedern der Schulter: Nur die Henne hat auf diesen Federn Querstreifen. Dieses Merkmal wird später noch als „Lothringer Kreuz“ näher beschrieben.

Auf der Kopfoberseite hat der Hahn Striche, die Henne Tupfen. Und auf größere Entfernung mit entsprechender Optik kann ein Hahn auch im Schlichtkleid an seiner intensiveren orange-rostroten Kopffärbung von der Henne unterschieden werden, die sich mitunter deutlich vom grauen Hals abhebt.

Schild

Sowohl im Pracht- als auch im Schlichtkleid weist ein auffallender, kastanienfarbener, meist hufeisenförmiger Brustfleck – auch „Schild“ genannt – in der Regel auf einen Hahn hin (siehe Foto Seite 44). Fehlt dieser dunkle Brustfleck gänzlich, hat man mit Sicherheit eine Henne vor sich. Mitunter tragen aber auch Hennen ein Schild, wenngleich etwas schwächer ausgeprägt (siehe Foto Seite 47 unten).

Links Henne ohne Schild,
rechts Hahn mit Schild.

Vor dem erlegten Wildtier

Wirklich genau unter die Lupe nehmen kann man ein Rebhuhn wohl erst dann, wenn man es in Händen hält. Dann ist es mitunter sogar möglich, auch ein wenig über das Alter zu sagen.

„Lothringer Kreuz"

Das Geschlecht eines ausgewachsenen Rebhuhns ist gut anhand des Schultergefieders und der Oberflügel-Deckfedern zu unterscheiden. Bei erwachsenen Hennen sind dort – ähnlich dem „Lothringer Kreuz" – helle Querbalken zu erkennen (siehe Foto Seite 45 unten). Diese Zeichnung fehlt beim Hahn. Bei Jungvögeln ist das Gefieder dort noch unscheinbar gelbbraun.

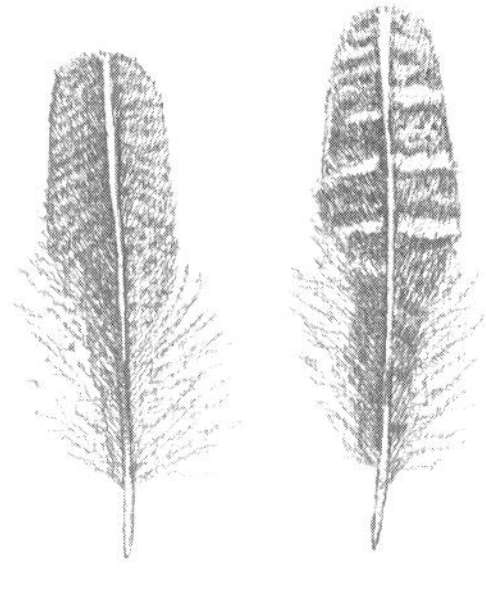

„Lothringer Kreuz":
rechts Hennenfeder mit hellen Querbalken,
links Hahnenfeder ohne Querbalken.

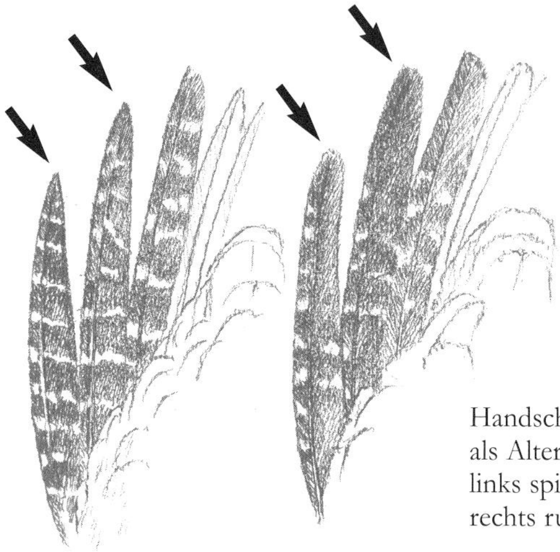

Handschwingenfedern
als Altersmerkmal:
links spitz beim jungen Vogel,
rechts rundlich beim älteren.

Handschwingen

Will man etwas über das Alter eines Rebhuhns erfahren, lohnt sich ein genauer Blick auf die erste und zweite Handschwingenfeder. Laufen diese an der Spitze rundlich aus, handelt es sich um einen älteren Vogel. Sind diese beiden Federn eher spitz, ist der Vogel wahrscheinlich noch keine 14 Monate alt.

Schnabel

Während junge Rebhühner noch einen schwarzen Schnabel haben, wird dieser mit fortschreitendem Alter immer grauer.

Ständer

Aufschlussreiche Farbunterschiede gibt es auch noch eine Etage tiefer, bei den Ständern: Sind diese noch gelb, deutet alles auf einen Jungvogel hin. Meist ab Spätherbst wechselt dann die Farbe ins Graue mit leicht rötlicher Tönung.

Die Ständer beiderlei Geschlechts haben keine Sporen wie etwa beim Fasan.

Bestandesermittlung

Vorweg: Das Rebhuhn wird in den meisten Revieren nicht mehr bejagt. Und dort, wo gute Bestände noch eine maßvolle Bejagung zulassen, ist es wesentlich, den Bestand regelmäßig zu zählen. Mehr dazu im folgenden Kapitel.

Voraussetzungen

Rebhühner darf man das ganze Jahr über nicht aus den Augen verlieren – und schon gar nicht, wenn man diese noch im Herbst maßvoll bejagen will. Eines ist dabei völlig klar: Nach einer Bejagung im Herbst muss sichergestellt sein, dass ein ausreichend großer Besatz übrig bleibt, damit es im Frühjahr genügend Brutpaare gibt. Dazu bedarf es auch langjähriger Erfahrungswerte, wie hoch etwaige Winterverluste im entsprechenden Gebiet sein können. Und vor den Herbstjagden sollte man bereits im August Bescheid wissen, was tatsächlich an Zuwachs geblieben ist, um eine konkrete Jagdplanung anstellen zu können – oder eben auch nicht.

In jedem Fall sollte eine Rebhuhn-Jagd auf nur einen Tag im Jahr beschränkt bleiben – anders als in manchen Gebieten bei Hase, Fasan oder Ente.

Methoden der Bestandesermittlung

Rebhühner sind von Natur aus sehr standorttreu, was eine Zählung erleichtert. Die Zählung kann mittels verschiedener Methoden erfolgen.

Scheinwerfer-Streifentaxation

Um den Rebhuhn-Bestand zu ermitteln bietet sich bis zu einem gewissen Grad die Scheinwerfer-Streifentaxation wie beim Feldhasen an (ausführlich beschrieben in der „Hasenfibel“ auf Seite 40 ff.). In der Praxis spricht aber ein schwerwiegender Grund gegen diese Methode: Anders als beim Hasen reflektieren die Augen der Hühner im Scheinwerfer nur sehr schwach, das exakte Zählen einer Kette wird so nur ganz schwer möglich sein.

Paare verhören

Mit Winterende lösen sich die Völker auf. Die Rebhuhn-Paare besetzen nun Brutterritorien, die von den Hähnen verteidigt werden. Zur Markierung ihrer Reviere melden die Hähne in dieser Jahreszeit während der Morgen- und Abendstunden recht eifrig, sodass man auf einer bestimmten Fläche einzelne Hähne bestätigen kann. Verhört man die Hähne an mehreren Tagen, kann der genaue Besatz recht gut ermittelt werden.

Bei geringerer Dichte und nur wenigen meldenden Hähnen, kann man den gefiederten Herren unter Umständen durch das Abspielen der Rufe vom Tonband auf die Sprünge helfen: Die Hähne vermuten einen Eindringling und lassen sich so leichter zum Rufen animieren. Jeder rufende Hahn wird als ein Brutpaar erfasst und in eine entsprechende Karte eingetragen.

Absuchen mit dem Vorstehhund

Ebenfalls im Frühjahr – unbedingt noch vor der Eiablage – bietet sich auch an, einzelne Felder mit dem Vorstehhund abzusuchen. Aufstehende Paare werden gezählt und der genaue Standort in einer Revierkarte eingetragen. Ähnliches gilt natürlich auch für den Herbst, wenn dann ganze Ketten vor einem aufstehen. Auch diese sollten dann in einer Karte vermerkt werden.

Zuwachszählung im August

Im August, wenn der größte Teil der Felder abgeerntet ist, bietet sich eine weitere Erhebung an: Nun lässt sich anhand der Größe der Gesperre der tatsächliche Zuwachs erfassen – ein wichtiger Wert für eine mögliche Bejagung im Herbst.

Sichtbeobachtungen im Winter

Auch die kalte Jahreszeit bietet Möglichkeiten für eine Besatzermittlung. Die Schneedecke macht die durch ihr Federkleid an sich gut getarnten Hühner sichtbarer und gleich mehrere Rebhühner konzentrieren sich an Stellen, die noch einigermaßen Äsung und Deckung bieten.

Um wirklich brauchbare Zahlen zu bekommen, sollte man sich aber nicht nur auf eine dieser Methoden verlassen, sondern mehrere davon kombinieren. In der Praxis bietet sich zur Besatzermittlung etwa folgende Kombination an:

- *Verhören während der Paarzeit und Revierbildung zum Winterausgang (März/April)*
- *Zuwachszählung im August*
- *Sichtbeobachtungen im Winter*

Zählungen und Schätzungen allein helfen dem Rebhuhn allerdings nicht. Voraussetzung für einen gesunden Bestand sind – wie bei vielem anderen Wild auch – gemeinsame, revierübergreifende Hegemaßnahmen, die der Erhaltung, der Verbesserung oder der Schaffung von geeignetem Lebensraum dienen.

Zur Jagd

Wo dies noch möglich ist, wird das Rebhuhn in Mitteleuropa meist zwischen den Monaten September bis November bejagt. Die Zeit der großen Gesellschaftsjagden auf Rebhühner ist längst vorbei. Die Jagd heute erfolgt fast ausnahmslos durch Jäger in kleineren Gruppen.

Hühnersuche

Die wohl gebräuchlichste und auch schonendste Jagdmethode ist die Suche mit einem dazu geeigneten Vorstehhund und bis zu drei guten Schützen. Idealerweise gehen noch ein Beobachter sowie ein Hundeführer ohne Gewehr mit. So können gleichzeitig auch unbeschossene Rebhühner beobachtet und gezählt werden. Außerdem steht damit gleich ein Hundeführer für Nachsuchen zur Verfügung.

Der Hühnersuche voran geht oftmals ein Verhören, bei dem man Hähne mit Lockrufen bestätigt, oder man bestätigt die Rebhühner über Geläufe, Gestüber oder Huderplätze.

Grundsätzlich gilt die Regel, das aus einer Kette zuerst aufstehende Huhn nicht zu beschießen, da es sich meist um das Leithuhn handelt. Auch sitzende oder laufende Hühner werden nicht beschossen.

„Sprengung“ von Ketten

Bei der Jagd ist manchmal die Rede davon, Rebhuhn-Ketten zu „sprengen“. Gemeint ist damit, dass man durch Schüsse bewusst versucht, einzelne Vögel von ihrer Kette zu trennen. Der Grund dafür ist, dass eine Kette nur aus Familienmitgliedern besteht, die sich untereinander nicht paaren. Schließen sich die abgesonderten Vögel benachbarten Ketten an, so ist Nachwuchs möglich.

In der Praxis erweist sich eine solche Sprengung oft als schwer durchführbar, weil sich die Familienmitglieder innerhalb kurzer Zeit wieder zusammenrufen und zur angestammten Kette zurückkehren. Außerdem birgt eine Sprengung auch große Gefahren. Denn je kleiner eine Kette wird, desto geringer ist ihre Überlebenschance im Winter: Die Feinderkennung ist nur mehr auf wenige Augenpaare begrenzt, und gerade bei besonders niedrigen Temperaturen kuscheln sich Rebhühner ja eng zusammen, um nicht auszukühlen. Und je weniger Vögel es dann sind, desto größer ist die Erfrierungsgefahr. Aus diesem Grund schließen sich Ketten im Winter auch gern zu Völkern zusammen.

Vor dem Schuss

Ein Ansprechen nach Geschlecht oder gar Alter ist beim Rebhuhn vor dem Schuss nicht möglich. Daher gilt neben allen Sicherheitsaspekten nur der bereits erwähnte Grundsatz bei einer Kette: Das Leithuhn nicht beschießen!

Gewehr und Munition

Traditionell jagt man auf Rebhühner mit Schrotmunition, deren Durchmesser 2,5 Millimeter (internationale Bezeichnung: 7) beträgt. Die Wahl der Flinte – ob Bockflinte oder Doppelflinte – hängt von persönlichen Vorlieben und Erfahrungen ab.

Gut und schlecht halten

Bleiben Rebhühner bei der Jagd lange in ihrer Deckung, ehe sie aufstehen, halten sie gut. Laufen sie hingegen bereits frühzeitig davon, ehe sie aufstehen, um in niedrigem Flug in der nächsten Deckung einzufallen, halten sie schlecht.

Erfahrungsgemäß halten Rebhühner an Regentagen deutlich schlechter als im Trockenen. Dazu kommt, dass sich auch die Hunde im Regen schwerer tun, die Hühner zu finden.

Steht eine Kette auf, verteilen sich die Hühner meist in verschiedene Richtungen. Später rufen sie einander, um sich wieder zu vereinen.

Nach dem Schuss

Alles, was nach dem Schuss auf ein Rebhuhn von Bedeutung ist – vom Erkennen von Schusszeichen über die Nachsuche bis hin zur Wildversorgung – gilt sinngemäß auch für den Fasan und findet sich daher im nachfolgenden Fasan-Kapitel. Im dortigen Bildteil gibt es außerdem entsprechende Fotos zum Thema.

3. Bildteil Rebhuhn

Wachsamer Hahn im Frühling.

Die folgenden Bilder zeigen, welchen Lebensraum das Rebhuhn braucht, wie es dort lebt und was man über seinen Wildkörper wissen sollte.

Wertvolle Lücken.

In einem Wildkrautstreifen mit größeren Lücken fühlen sich Rebhühner wohl. Wie wohl, beweisen die gut erkennbaren Huderplätze im Vordergrund.

Ohne Bäume und Sträucher.

Weite offene Flächen sorgen dafür, dass Rebhühner den Überblick bewahren. Und hungrigen Raubvögeln fehlen hier geeignete Aussichtswarten.

Grenzlinien zur Orientierung.

Links Zuckerrübe mit lückiger, übersichtlicher Deckung. Im Getreidefeld rechts nutzt das Rebhuhn nur die Ränder. Drinnen ist es orientierungslos.

Lebensraum am Wegesrand.

Ein grüner Mittelstreifen und links und rechts schmale Ackerraine: Selbst solche Feldwege bieten dem Rebhuhn zusätzlichen, wichtigen Lebensraum.

Blühstreifen neben Stoppelacker.

Wird geerntet, suchen Rebhühner Deckung in solchen Blühstreifen. Die angrenzenden Feldteile sollten daher unbedingt zuletzt geschnitten werden.

Genügend Deckung und Überblick.

Ein solches Kürbisfeld im August ist für das Rebhuhn alles andere als leergeräumt: Es bietet ausreichend Deckung und den so wichtigen Überblick.

Kette im ersten Schnee.

Wintergetreide sorgt im Herbst und Winter für frische Grünäsung. In dieser geringen Kopfzahl ist die Kette aber nicht sicher vor dem Kältetod.

Kette auf Nahrungssuche.

Selbst bei geringer Schneedecke können solche vereisten oder verharschten Stellen für das Rebhuhn bei der Futtersuche zum Problem werden.

Lockere Schneedecke.

Trotz kurzem Schnabel ist ein Rebhuhn im Winter in der Lage, bei der Futtersuche eine bis zu 10 Zentimeter tiefe Schneeschicht zu durchstoßen.

Winterlicher Paarlauf.

Neugierig, aber mit aufgeplustertem Hals sichtlich erregt, wachen links und rechts zwei Hähne neben zwei Hennen. Sie sind kurz vor dem Abstreichen.

Revierruf eines Hahnes.

Zur Balz, aber auch noch zur Brutzeit, ruft der Hahn. Man hört ihn selten untertags, häufig aber morgens und vor Einbruch der Dunkelheit.

Harmlose Auseinandersetzung.

Treffen zwei Hähne zusammen, wird der Konflikt meist friedlich gelöst: In Demutshaltung macht der rechte Hahn klar, dass er nicht raufen will.

Frisch geschlüpft.

Sind Balz und Brut geschlagen, tauchen die ersten Küken auf. Diese hier sind zwar erst einige Tage alt, aber als Nestflüchter schon unterwegs.

Neugierige Küken.

Diese beiden Küken sind etwa zwei Wochen alt und stehen schon sicher auf den Beinen. Ob Hahn oder Henne lässt sich hier aber nicht erkennen.

Angeborenes Sicherheitsbedürfnis.

Bereits im zarten Jugendalter suchen Rebhühner – wie diese etwa einen Monat alten Jungvögel – bevorzugt Stellen auf, die gute Tarnung bieten.

Überblick bewahren.

Die Vegetation darf nicht zu hoch sein, damit man innerhalb der Kette den Kontakt hält und bei Gefahr schnell abstreichen kann.

Tarnung vor Gebüsch.

Ein Hahn im Prachtkleid vor einem Blutroten Hartriegel. Dank seines reich strukturierten Gefieders verschmilzt er gut mit dem Hintergrund.

Tarnung auf dem Acker.

Selbst auf nackter Scholle und voll aufgerichtet sticht dieser Hahn nicht aus der Landschaft heraus. Wenn er sich drückt, wird er nahezu unsichtbar.

Tarnung neben Altgras.

Ein Rebhuhn nützt jede noch so kleine Deckung perfekt aus: Hier genügen ein paar trockene Gräser, um in der Schneelandschaft zu verschwinden.

Tarnung hinter Erdhaufen.

Selbst auf freier winterlicher Fläche reichen Rebhühnern bereits kleine apere Stellen oder Maulwurfshügel, um nur schwer entdeckt zu werden.

Freier Rundumblick.

Auch dieser Hahn mit deutlichem Schild fühlt sich sicher. Dafür sorgen geringe Wuchshöhe und freier Blick, um Gefahren frühzeitig zu erkennen.

Gemeinsames Hudern.

Häufig eng nebeneinander, wie diese Gruppe hier, gönnen sich Rebhühner ein Sandbad. Das trocknet das Gefieder und schützt vor lästigen Parasiten.

„Lothringer Kreuz".

Rechts die Deckfedern von Schulter und Flügel einer Henne mit hellen Seitenverzweigungen. Links Hahnenfedern mit lediglich hellem Kiel.

Kopf eines Hahnes.

Der Hahn ist hier an der hohen rostbraunen Stirn, den deutlich abgesetzten Ohrdecken und der gestreiften Musterung am Kopf gut zu erkennen.

Kopf einer Henne.

Die Henne hat nur einen kleinen rostbraunen Fleck oberhalb des Schnabels, die Ohrdecken sind weiß durchsetzt, und der Kopf wirkt eher getupft.

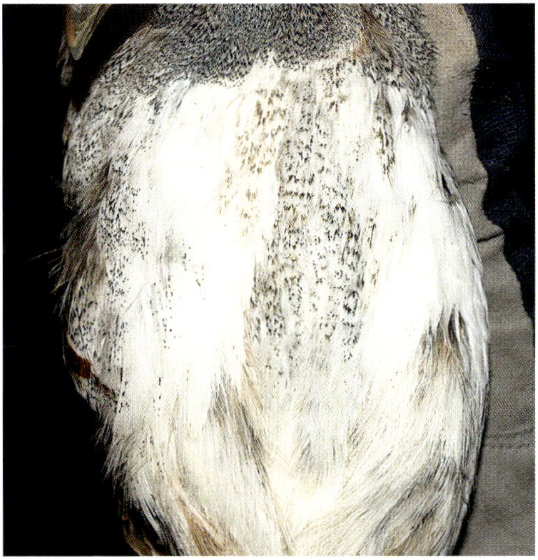

Hennenbrust ohne Schild.

Ein Rebhuhn mit einer solch weißen Brust ist eine echte Seltenheit und fürs Ansprechen ein Glücksfall: Sie gehört nämlich eindeutig einer Henne.

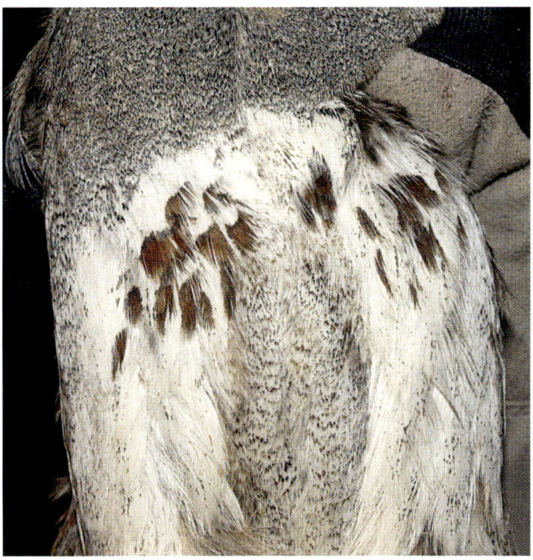

Hennenbrust mit angedeutetem Schild.

Nur vereinzelt kastanienbraune Brustfedern: Auch hier handelt es sich eindeutig um eine Henne. Das Schild eines Hahnes wäre hufeisenförmig.

Blick nach vorn.

Das Rebhuhn ist heute aus vielen Feldern und Wiesen verschwunden. Aber es kommt nach wie vor dort vor, wo es noch intakte, naturnahe Lebensräume gibt. Und die gilt es zu erhalten, zu verbessern oder vielleicht sogar neu zu schaffen: für das Rebhuhn. Und auch für uns …

4. Fasan

Geschichte

Das ursprüngliche Verbreitungsgebiet des Fasans erstreckte sich von der Ostküste des Schwarzen Meeres über die Trockengebiete Zentralasiens und China bis nach Japan. In Europa gab es bereits im antiken Griechenland Hinweise, dass Fasane in Volieren gehalten wurden. Über die alten Römer gelangte der Fasan schließlich in den Mittelmeerraum und ins restliche Europa bis nach England. Bereits im Mittelalter brachte man ihn von Europa auch nach Übersee. Mittlerweile wurde der Fasan weltweit längst zum beliebten Jagdwild, das auch kulinarisch sehr geschätzt wird.

Der heute in Europa verbreitete Jagdfasan ist ein buntes Rassengemisch aus vorwiegend vier Unterarten, und zwar:

1. Ringloser Kupferfasan:
Wie der Name schon sagt, hat dieser Fasan keinen weißen Halsring. Er ist an der Ostküste des Schwarzen Meeres und im Kaukasus bis zum Kaspischen Meer beheimatet.

2. Mongolischer Fasan:
Sein Kennzeichen ist ein an der Vorderseite offener Halsring. Diese Unterart ist vor allem in Kirgisien und Kasachstan zu Hause.

3. Chinesischer Ringfasan:
Dieser Fasan hat einen breiten, geschlossenen Halsring und lebt in China.

4. Buntfasan:
Er ist grünfärbig, ringlos und stammt aus Japan.

Die beschriebenen Merkmale betreffen lediglich die Hähne. Bei den tarnfarbigen Hennen stechen Unterschiede zwischen den Unterarten kaum ins Auge.

Insgesamt gibt es beim Fasan mehr als 30 Unterarten, die aber jagdlich kaum eine Rolle spielen.

Lebensraum

Fasane benötigen im Gegensatz zum Rebhuhn eher hohe und dichte Vegetation. Vorausgesetzt, das natürliche Nahrungsangebot ist ausreichend, so ist die Bandbreite für geeigneten Lebensraum groß. Als Vogel, der sich sowohl in Waldnähe, auf dem Feld und entlang von Gewässern gut zurechtfindet, liebt der Fasan auch die Mischung aus verschiedenen Biotop-Typen.

Schwerpunktmäßig kommt er bei uns in der Nähe von unterholzreichen Waldrändern, in Hecken und Baumbeständen mit früchtetragenden Arten, in reich gegliederten Acker- und Weinbaugebieten sowie in Mischgebieten zwischen Ackerbau und Grünland mit Wiesen und Weiden vor.

Der Lebensraum Waldrand hat für den Fasan dabei zwei Mal im Jahr besondere Bedeutung: im Winter als Schutz, Unterstand und Futterquelle und im Frühjahr, wenn Hennen dort nisten. Auch Hecken und Feldgehölze sind für den Fasan wichtig, besonders die Übergangszone zwischen Heckeninnerem, wo es feuchter und schattiger ist, und der angrenzenden Flur. Meist als langer Streifen angelegt, bietet diese Übergangszone einer Vielzahl von Kleintierarten Lebensraum, die den Küken gerade in den ersten Lebenswochen als eiweißreiche Nahrung das Überleben sichern. Niederschlagsarme Gebiete werden vom Fasan bevorzugt. Gerade während der Jungenaufzucht können lange feuchte Wetterperioden den Nachwuchs nämlich nachhaltig dezimieren. Sonnenbeschienene Abtrocknungsstreifen in oder in der Nähe von Brachflächen und Wildäckern sind für einen geeigneten Fasan-Lebensraum wesentlich. Der Winter darf dort auch nicht allzu hart sein.

Ungeeignete Lebensräume für den Fasan sind hingegen baum- und buschlose Ackerbaugebiete, großflächig geschlossene Waldgebiete und höhere Gebirgslagen.

Deckung und Randlinien

Entsprechende Deckung ist für den Fasan aus mehreren Gründen wichtig: Er bietet bei Bedarf nicht nur Schutz vor Wind und Wetter, sondern auch gute Versteckmöglichkeiten vor einer ganzen Reihe von Raubfeinden, die es am Boden oder aus der Luft auf Gelege, Küken oder gar Altvögel abgesehen haben.

Ab der Balz im Frühjahr bis zum Selbstständigwerden der Jungvögel sind die Ansprüche an die Deckung geringer. Wenn sonst alles stimmt, genügen dem Fasan dann sogar bereits Schilf, hoch stehendes Getreide oder Hecken als Schlafplätze.

Während der Balz sind hingegen klar erkennbare Randlinien wesentlich, in deren Nähe sich die Hähne aufhalten können. Solche Randlinien erleichtern die Revierabgrenzung zu benachbarten Rivalen wesentlich. In ihrer unmittelbaren Nähe sollte aber auch sichere Deckung vor Feinden vorhanden sein.

Schlafbaum

Fasane übernachten nicht auf dem Boden, sondern mit Vorliebe auf sogenannten Schlafbäumen. Zwischen Sonnenuntergang und Dämmerungseinbruch sucht der Fasan seinen Schlafplatz auf. Hähne und Hennen übernachten dabei meist auf getrennten Schlafbäumen. Mit Sonnenaufgang verlassen die Fasane den Schlafplatz wieder. Wenn es stark taut, legen sie den Weg zu den

Äsungsflächen lieber im Flug zurück. Ansonsten sind sie eher auf dem Boden unterwegs.

Lebensweise

Beim Fasan wechselt jahreszeitlich die Sozialstruktur. Im Sommerhalbjahr lebt man – bedingt durch die territorialen Hähne – in einzelnen, voneinander abgegrenzten Revieren, während man sich im Winterhalbjahr zu größeren Trupps gesellig zusammenfindet. Dieses Verhalten ermöglicht auch, dass Fasane zum Überwintern relativ kleine Gebiete nutzen, während weit verstreut gebrütet wird.

Werden Jungvögel erwachsen, wandern sie in der Regel nur wenig weit ab und sind meist in einem Umkreis von höchstens ein paar Kilometern vom Ort ihres Aufwachsens zu finden.

Balz

Nach Auflösung der Wintertrupps kommt es zur Balz. Diese ist stark witterungsabhängig und findet zwischen Mitte März und Ende Juni statt. Während der Balz kommt es zu Auseinandersetzungen zwischen den Hähnen. Diese beschränken sich zunächst auf Imponiergehabe und Drohgebärden. Entweder stehen sich dabei die Rivalen aufgerichtet frontal gegenüber, oder sie schreiten parallel nebeneinander her.

Gibt keiner der Kontrahenten nach, kommt es meist zum Duell: Geduckt und manchmal auch nur zum Schein mit dem Schnabel peckend, stehen sie sich mit leicht gespreizten Schwingen gegenüber und beginnen sich zu umkreisen. Dabei hacken sie mitunter nach den Rosen des Widersachers und stoßen heiser schnarrende Trillerlaute aus.

Reicht auch diese Form der Auseinandersetzung nicht aus, kommt es schließlich zum Kampf. Meist flattern die Hähne gleichzeitig auf, um mit Schnabel, Krallen oder Sporen nach dem Gegner zu schlagen. Die meisten solcher Kämpfe verlaufen dennoch unblutig und großteils verletzungsfrei. Ein tödlicher Ausgang ist sehr selten.

Sind die Reviere durch die Hähne erst einmal abgesteckt und besetzt, entstehen Harems mit mehreren Hennen. Diese sind eher lose Gruppen, aus denen einzelne Hennen immer wieder ausscheiden und neue hinzukommen.

Ältere Hennen haben innerhalb eines solchen Harems oft wesentliche Aufgaben. Auch wenn sie vielleicht selbst keine Eier mehr legen, sorgen diese „Gesellschaftsdamen“ etwa dafür, dass allzu aufdringliche Hähne die Hennen nicht nachhaltig in ihrem

Brutgeschäft stören, zeigen nahe Futterstellen oder bewachen hie und da sogar die Gelege. In Summe sorgen sie damit für einen reibungsloseren Ablauf von Balz und Brut.

Der Kontakt der Hennen untereinander scheint wesentlicher zu sein als die Bindung zum Hahn. So verlassen die Hennen auch meist als Gruppe den Ruheplatz. Der Hahn folgt ihnen nach.

Innerhalb des Harems kann es zur Balzzeit auch zu Auseinandersetzungen zwischen den Hennen um Äsungs- oder Nistplätze kommen. Der Ablauf dieser Zwistigkeiten gleicht dem der Hähne und reicht vom Imponiergehabe bis zu echten Kämpfen.

Der Hahn wirbt immer nur um eine einzelne Henne. Dabei gibt er mitunter ein leises Gurren von sich und versucht die Henne mit dem sogenannten „Futterlocken" zu verführen: eine ruckartige Auf- und Abbewegung mit dem Kopf. Danach bezirzt der Hahn meist die Henne, indem er sie mit tiefgehaltenem Kopf, aufgeplustertem Gefieder und ausgebreitetem Stoß umkreist oder sich seitlich an sie drängt. Am Ende kommt es zum Tretakt, der mehrere Male am Tag erfolgen kann.

Zum Ablauf der Balz siehe Fotos Seiten 87 bis 89!

Eiablage und Brut

Nach der Balz beteiligen sich die Hähne nicht an der Brut oder der Jungenaufzucht. Die Hennen hingegen suchen einen geeigneten Nistplatz, der ausreichend Deckung bietet und gleichzeitig ein schnelles Abstreichen ermöglicht. Der Nistplatz kann im hohen Gras, in Feldgehölzen, am Waldesrand aber auch in Wiesen oder Äckern liegen.

Am Boden scharrt die Henne zunächst eine flache Mulde. Diese wird entweder gar nicht oder nur sehr spärlich mit dürren

Pflanzenteilen ausgekleidet. Bei normalem Witterungsverlauf legt die Henne dann etwa ab Anfang April jeden Tag ein Ei, in Summe zwischen 8 und 12 Stück. Die Henne wäre von Natur aus imstande, auch bedeutend mehr Eier zu legen. Die Zahl der Eier hängt aber davon ab, wieviele davon unter ihrem Körper Platz haben und so auch von ihr ausgebrütet werden können.

Die Eier haben eine hell olivgraue bis dunkelbraune Färbung (siehe Foto Seite 90 oben). Die Schalen sind glatt bis matt glänzend. Nachdem das letzte Ei gelegt ist, beginnt das etwa 25 Tage dauernde Brüten. Die Küken schlüpfen alle innerhalb weniger Stunden.

Bei Verlust des Geleges kann es zu einem oder sogar zu zwei Nachgelegen kommen.

Jungenentwicklung

Die geschlüpften Küken verlassen bereits nach einem Tag das Nest. Mit etwa 12 Wochen baumen sie nächtens bereits auf und können auch weitere Strecken fliegend zurücklegen.

Sie bleiben bis zu 80 Tage in der Obhut ihrer Mutter und folgen ihr nach. Die Geschlechtsreife erreichen Fasane rund um den 8. Lebensmonat.

Das Geschlechterverhältnis ist bei Küken noch ausgeglichen oder hat einen leichten Hahnenüberschuss.

Geschlechterverhältnis

Der Fasanhahn unserer Breiten neigt eindeutig zur Vielweiberei, vorausgesetzt, er hat die Möglichkeit dazu. Bei hohen Besätzen zeigt sich, dass die ausschließliche Jagd auf Hähne die Zuwachsraten nicht beeinträchtigt. Ein Geschlechterverhältnis von 1:5 bis 1:7 zwischen Hahn und Henne bringt in guten Fasan-Revieren daher keine Probleme mit sich.

Bei geringerer Besatzdichte ist allerdings ein Verhältnis von 1:2 bis 1:4 besser. Für die Jagd bedeutet das, Hähne nur maßvoll zu bejagen. Große Haremsgruppen beanspruchen nämlich eindeutig die besten Lebensräume für sich. Und diese liegen oft in Getreideschlägen, die bereits zur Brut- und Aufzuchtzeit der Erstgelege abgeerntet werden. Der Mähdrusch – vor allem des Wintergetreides – gefährdet dann Küken und Jungvögel stark und kann mitunter beim Nachwuchs zum Totalausfall führen.

Sind hingegen werbende Hähne aufgrund des größeren Konkurrenzdruckes gezwungen, auch auf suboptimale Lebensräume auszuweichen, dann erweitert sich nicht nur das Fasanvorkommen auf ein größeres Gebiet, sondern es verringert sich auch die Gefahr, dass der Nachwuchs mehrheitlich frühen landwirtschaftlichen Tätigkeiten zum Opfer fällt.

Auch wenn die Gefahr durch Raubwild in solchen Rückzugsräumen größer ist, liegt die Überlebensrate dort dennoch höher als in den vermeintlich optimalen Brut- und Aufzuchtgebieten, die intensiv landwirtschaftlich genutzt werden.

Nahrung

Als Allesfresser ist der Fasan nicht besonders wählerisch, bevorzugt jedoch energiereiche Nahrung. Erwachsene Fasane lieben nahezu alle im entsprechenden Lebensraum vorkommenden Sämereien, Früchte, Keimlinge und Jungpflanzen, soweit sie für den Fasan keine giftigen Inhaltsstoffe haben. Beliebt sind etwa Maiskörner, die er zum Teil schon nach dem Anbau mit dem Schnabel aus dem Boden hackt. Auch die Keimblätter der Sonnenblume stehen auf dem Speiseplan weit oben. Dazu kommen noch verschiedene Getreidesorten. Der Fasan bedient sich auch gern an Ernterückständen – etwa bei Erbse, Soja, Mais, Sonnenblume und Zuckerrübe.

Die Küken sind in den ersten drei Lebenswochen auf tierische Nahrung angewiesen. Sie fressen dann jedes Kleingetier, das sich bewegt und von ihnen überwältigt werden kann. Auch Altvögel nehmen neben Insekten wie Käfern, Blattläusen, Ameisen oder Spinnen auch noch Würmer und Schnecken auf. Und sie verschmähen auch landwirtschaftliche Schädlinge nicht – wie etwa Kartoffelkäfer, Wanzen oder Drahtwürmer. Kleintiere werden aber nur bis zu jener Größe gefressen, in der sie noch im Ganzen geschluckt werden können.

Sinne

Der Geruchssinn ist beim Fasan – ähnlich wie beim Rebhuhn – nur schwach entwickelt. Sehkraft und Gehör spielen hingegen eine bedeutende Rolle. Und wie beim Rebhuhn sorgen auch beim Fasan die seitlich am Kopf sitzenden Augen für einen ausgezeichneten Rundumblick.

Körperpflege

Auch Fasane nehmen wie Rebhühner regelmäßig Sandbäder zur Gefiederpflege und als Parasitenschutz. Aber anders als Rebhühner hudern Fasane eher einzeln und mitunter in einiger Entfernung voneinander.

Im Revier

Spuren

Fasane sind an sich in ihrem halboffenen bis offenen Lebensraum und mit dem bunten Gefieder der Hähne recht gut zu beobachten. Dennoch bieten auch ihre Spuren mitunter brauchbare Hinweise, wo sie sich häufig und gern aufhalten.

Huderplätze

Die Huderplätze für Sandbäder sind ähnlich wie bei den Rebhühnern meist als leichte Mulden angelegt. Sie sind vor allem an sonnseitig gelegenen Wald- und Heckenrändern sowie an Kahlstellen in der freien Feldflur zu finden.

Gestüber

Die Losung ist je nach Äsung und Jahreszeit grünlich bis hellgrau. Ihre Form reicht von würstchenförmig über keulenförmig bis gedreht. Im frischen Zustand findet man an ihrem Ende einen weißen Harnsäureüberzug.

Zur Brutzeit findet sich auch in Nestnähe die typische große und hartknollige Brutlosung der Henne.

Auch Fasane scheiden neben der normalen Losung eine breiige Blinddarmlosung aus. Diese wird meist nur einmal täglich abgesetzt.

Geläuf

Der Fasan hat vier Zehen: drei Zehen vorne und eine nach rückwärts gerichtete Hinterzehe. Damit kann er sich an Ästen oder Zweigen gut anhalten und auf diese Weise auch dort schlafen.

Tritt und Geläuf eines Fasans.

Tritt und Geläuf ähneln sehr dem Rebhuhn. Eine Unterscheidung ist meist nur im unmittelbaren Größenvergleich und anhand der Schrittweite möglich.

Lautäußerungen

Gerade Fasane haben eine große Bandbreite an Lauten, die auch weithin hörbar sind. Diese Laute können der Revierabgrenzung oder Paarbildung dienen, es können aber auch Kampflaute sein.

Revierabgrenzung

Der wohl häufigste Laut beim Fasanhahn ist der Revierruf, der vor allem im Frühjahr während der Balz zu hören ist. Dabei reckt er sich mit zwei bis drei Flügelschlägen hoch und stößt mit aufgeworfenem Kopf ein raues *„kö-köck"* aus. Dafür wählt er mitunter etwas erhöhte Plätze aus und nimmt eine Imponierhaltung mit abgespreizten Federohren und angeschwollenen Rosen ein. Unmittelbar nach dem Ruf schlägt der Hahn auch noch heftig und hörbar mit den Flügeln (siehe Foto Seite 87 unten).

Die ersten dieser Revierrufe lässt der Hahn bereits eine Stunde vor Sonnenaufgang vom Schlafbaum aus hören. Im Baum unterlässt der Hahn allerdings das Flügelschlagen oder führt es nur abgeschwächt durch. Ebenso meldet ein Fasanhahn auch am Abend, manchmal sogar bis in völlige Dunkelheit hinein.

Kampflaut

Stehen sich zwei Hähne in der Balz gegenüber und beginnen bereits nach den Rosen des Rivalen zu hacken, sind mitunter heiser schnarrende Trillerlaute zu hören.

Paarbildung

Balzt ein Hahn um eine Henne, lässt er manchmal ein leises Gurren hören. Beim sogenannten Futterlocken gibt er zudem auch „*kuj kutj*"-Rufe von sich.

Wildkörper

Nun noch ein paar Worte zu Größe, Gewicht und Lebenserwartung eines Fasans.

Zahlen und Maße

Der Fasan ist etwa so groß wie ein Haushuhn. Er erreicht eine Gesamtlänge von 60 bis 85 Zentimeter und wird bis zu 1,5 Kilogramm schwer. Hennen werden kaum schwerer als 1 Kilogramm. Die Flügelspannweite beträgt zwischen 70 und 90 Zentimeter.

Fasane können in Gefangenschaft bis zu 15 Jahre alt werden. In freier Wildbahn sind meist 7 Jahre die Obergrenze. Die durchschnittliche Lebensdauer beträgt lediglich rund 3 Jahre.

Federkleid

Wenn sie erwachsen sind, sind der bunte Hahn und die tarnfarbige Henne leicht auseinanderzuhalten. Das Geschlecht kann bei näherer Betrachtung allerdings schon ab dem Kükenalter unterschieden werden.

Nestling/Küken

Bereits bei frisch geschlüpften Küken kann das Geschlecht bestimmt werden: Bei einem Hahn ist in diesem Alter das unbefiederte Augenfeld – die späteren Rosen – stärker ausgebildet als bei einer Henne.

Jungvogel

Als Jungvögel unterscheiden sich der Hahn und die Henne noch geringfügig. Ihr Dunenkleid ist unterseits rahmfarben bis beige, oberseits etwas dunkler gelblichbraun. Vom Scheitel laufen ein breiter, dunkel gefasster, rotbrauner Streifen, helle Seitenstreifen und dunkle Überaugenstreifen bis in den Nacken. Hinter dem Auge befindet sich ein dunkler Fleck. Das Kopfmuster setzt sich auf dem Rücken mit breitem Mittelstreif und blasseren Seitenstreifen fort. Die Flügel sind rostbraun mit hellem Saum. Die Grundfärbung ist allerdings recht variabel. So gibt es auch rotbraune Individuen mit schwächerem Muster.

Im Jugendkleid sind Fasane beiderlei Geschlechts unterseits ähnlich wie die erwachsene Henne gefärbt. Die Stoßfedern sind noch recht kurz. Kopf und Hals sind oberseits dunkelbraun, die Oberseite ist schwarzbraun mit hellbraunen Säumen und Schaftstrichen. Das Flügelgefieder ähnelt bereits dem erwachsener Vögel, ist aber teils noch verwaschen gezeichnet.

Einmal durchgemausert sind Jungvögel dann kaum mehr von Altvögeln zu unterscheiden – in der Regel ist dies zu Beginn der Jagdzeit ab Oktober der Fall.

Erwachsener Vogel

Erwachsene Hähne und Hennen unterscheiden sich deutlich: Während der Hahn bunt ist und auffallende Federohren hat, ist die Henne unauffällig beigebraun, mit dunklen Flecken. Sie ist ziemlich unscheinbar – aber dafür perfekt getarnt!

Der bunte Hahn hat zudem noch auffallend gefärbte Stoßfedern. Diese bezeichnet man als Deichseln. Hat er einen durchgängigen oder an der Vorderseite kurz unterbrochenen weißen Halsring, spricht man von einem Ringfasan. Dieser Ring kann auch nur teilweise ausgebildet sein. Fehlt der Ring allerdings völlig, spricht man von einem ringlosen Fasan.

Gerade beim Hahn sorgen aber die unterschiedlichen Ahnen dafür, dass Gefiederfarbe und Musterung mitunter stark innerhalb der Wildart variieren.

Im Gegensatz zur Henne hat der Hahn auch ein rotes Rosenfeld mit Rosen oberhalb der Augen sowie den Wangenlappen unterhalb. Beide sind besonders zur Balz deutlich zu sehen, da sie dann innerhalb weniger Sekunden auch stark anschwellen können (siehe Foto 92 oben).

Vor dem erlegten Wildtier

Kleine spannende Details gibt es mitunter auch erst zu entdecken, wenn man einen Fasan in Händen hält. Einige davon geben recht brauchbare Hilfe bei der Altersschätzung.

Schnabel

Der Schnabel bei Küken ist rötlich-hornfarben. Jungtiere haben danach einen dunkelbraun-hornfarbenen Schnabel. Bei Hennen bleibt diese Farbe auch im Erwachsenenalter. Bei erwachsenen Hähnen hingegen färbt sich der Schnabel mehr ins Gelbliche.

Der Schnabel eines erwachsenen Fasans hat eine typische Form: nach unten gebogen, und der Oberschnabel reicht über den Unterschnabel (siehe Foto Seite 92 oben). Das ermöglicht dem Fasan nicht nur Futterpflanzen wie Mais oder Rüben zu bearbeiten, sondern auch härteren Boden aufzuhacken.

Ständer

Die Ständer von Küken sind zunächst noch bräunlich rosa und färben sich später grau.

Sporn

Der Sporn an der Hinterseite des Ständers kann bei Hähnen bei der Altersschätzung brauchbare Hinweise liefern (siehe Foto Seite 92 unten).

Bereits ab dem 2. Lebensmonat wird der Sporn beim Hahn sichtbar und kann mit rund 4 Monaten über 1 Zentimeter lang sein. Nach dem ersten Lebensjahr bilden sich zudem an der Spornbasis Ringe. Die Anzahl dieser nicht immer gut erkennbaren Ringe plus 1 nahm man früher gern als Anhaltspunkt für das Alter eines Hahnes. Zur verlässlichen Altersbestimmung taugt dieses Merkmal allerdings keinesfalls.

Brauchbare Hinweise über das Alter liefern eher Form und Aussehen des Sporns: Bei jungen Hähnen ist dieser meist kurz und stumpfkegelförmig. Der Sporn ist noch glanzlos und relativ weich, was man durch ein leichtes Andrücken mit dem Daumen gut feststellen kann. Ab einem Alter von 2 Jahren wird er zunehmend lang und spitz und biegt sich mitunter etwas aufwärts. Er ist bereits deutlich härter und glänzt mehr.

Bei Hennen kommen Sporne nur in Ausnahmefällen vor.

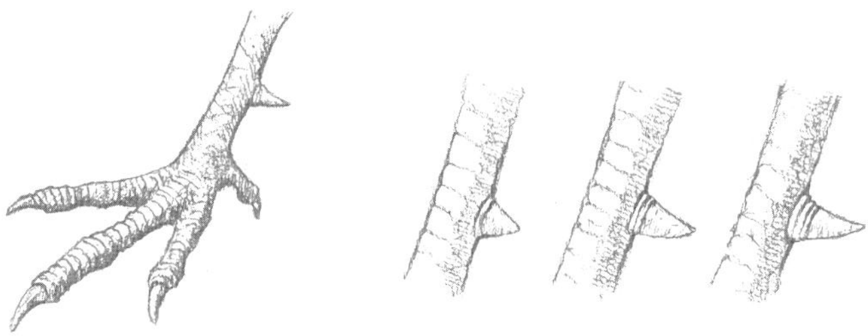

Sporn eines Hahnes:
mit zunehmendem Alter länger und spitzer.

Brustbein

In der jagdlichen Praxis kann auch das Brustbein Aufschluss über das Alter des erlegten Tieres geben. Bis zu etwa 3 Monaten ist das Ende des Brustbeines meist noch knorpelig und lässt sich mit der Hand leicht biegen. Bereits mit 4 bis 5 Monaten ist es nicht mehr so biegsam. Man sollte allerdings beachten, dass nur ein weiches Ende des Brustbeines ein sicheres Zeichen für den jungen Fasan ist. Ein festes, nicht biegsames Ende des Brustbeines muss umgekehrt keinesfalls immer auf einen alten Fasan hinweisen, da dieses auch bei jungen Fasanen vorkommt.

Bestandesermittlung

Der Fasan ist in vielen Gebieten das Flugwild Nummer eins bei den Jägern. Dennoch haben sich auch für den Fasan die Lebensbedingungen mancherorts dramatisch geändert und sich auf den Bestand ausgewirkt. Daher ist es wesentlich, den Bestand regelmäßig zu bestätigen oder gar zu zählen. Mehr dazu im folgenden Kapitel.

Zählflächen

Um über den Fasanenbestand im Revier ausreichend Bescheid zu bekommen, sucht man zunächst geeignete Zählflächen aus. Diese sollten gut überschaubar und zusammenhängend sein, zwischen 50 und 150 Hektar groß sein und das ganze Jahr über Sichtungen garantieren.

Die übers Jahr gleichbleibenden Zählflächen sollten so gewählt werden, dass sie mit höchstens vier Hunden und acht Zählern überschaubar und damit auch einfach zu „bearbeiten“ sind.

Methoden der Bestandesermittlung

Die Zählungen können über das ganze Jahr verteilt stattfinden. Folgende Methoden kommen zur Anwendung.

Frühjahrsbesatz

Den Stammbesatz im Frühjahr ermittelt man zwischen April und Mai. Fasanhähne verraten sich in dieser Zeit durch ihre Balzrufe und grenzen ihre Territorien endgültig ab. Sie lassen sich dann ab Sonnenaufgang mit den Hennen recht gut auf den Feldern zählen.

Gerade im Frühjahr gibt es aber bei den Hennen richtige U-Boote, die man nicht zu sehen bekommt. Die Zahl der Hennen kann daher in dieser Zeit nur geschätzt werden.

Um aussagekräftige Ergebnisse zu erzielen, sind bei der Aprilzählung mindestens ein traditionell gut besiedelter Lebensraum und ein eher schlecht besiedelter Revierteil zu erfassen. Ideal ist, wenn man außerdem auf mehrjährige Aufzeichnungen zurückgreifen kann, um daraus Trends oder sogenannte „gute“ und „schlechte“ Fasanjahre ablesen zu können.

Zuwachszählung ab August

Im August und September sucht und zählt man die Gesperre, um über den Zuwachs Bescheid zu wissen.

Zähltreiben vor der Herbstjagd

Das Zähltreiben wird wie eine flächendeckende Drückjagd organisiert, nur dass die Jäger nicht mit der Flinte, sondern mit Fernglas, Bleistift und Zählbögen ausgerüstet sind. Dabei geht es neben der Schätzung des aktuellen Herbst-Besatzes vor allem auch darum, das Geschlechterverhältnis zu ermitteln, gilt dieses doch als wesentliche Grundlage für jede jagdliche Planung.

Von Vorteil sind dafür noch zusätzliche Aufzeichnungen von auf- und abbaumenden Fasanen am Abend und am Morgen.

Nach der Herbstjagd

Nach der oder den Herbstjagden sollten nicht nur die jeweiligen Strecken vermerkt werden, sondern wenn möglich auch die Zahl nicht beschossener Hähne und Hennen.

Winterzählung

Etwa gegen Mitte Jänner verschafft man sich einen Überblick über den Überwinterungsbesatz. Dafür sollte man pro Revier jeweils zwei gut besetzte und zwei schlecht genutzte Wintereinstände auf ihre Fasanenanzahl überprüfen – Hähne wie Hennen. Gute Witterung ist dabei Voraussetzung.

Überwinternder Besatz

Ende Februar/Anfang März zählt man den tatsächlich überwinternden Besatz. Zu diesem Zeitpunkt suchen die Fasane noch regelmäßig etwaige Futterstellen auf. Die Zählung sollte zu jenen Uhrzeiten stattfinden, wenn dort die meisten Vögel zu finden sind. Die Fütterungen selbst sollten gut einsehbar sein. Kurzfristige Streuvorlage entlang von Wegen und Hecken kann vor den beabsichtigten Zählungen ebenfalls von Vorteil sein.

Bejagungsplanung

Hat man sich ein halbwegs klares Bild über den Besatz gemacht, kann man über eine jagdliche Planung nachdenken. Zwei Dinge sind dabei wichtig: Der Besatz darf auf gar keinen Fall übernutzt werden, und die ermittelten Daten dienen lediglich als Berechnungsgrundlage für die tatsächlich untersuchten Flächen.

Es gilt folgende Faustregel:

Geschätzter Herbstbesatz (vor den Jagden)
minus angestrebter Frühjahrsbesatz
minus zu erwartender Winterverlust
= möglicher Abschuss

Als Winterverlust kann man dabei erfahrungsgemäß grob mit etwa 25 Prozent des Herbstbesatzes rechnen.

„Hahn in Ruh“ heißt es selbstverständlich überall dort, wo man leichtfertig in den Stammbesatz eingreifen würde. Das macht auch klar, warum es keine Bejagung ohne vorhergehende Besatzerhebung geben darf.

Aber selbst dort, wo nicht mehr auf den Fasan gejagt wird, sind Zählungen von großem Wert: Sie fördern revierübergreifendes Denken und lassen regionale Entwicklungen erkennen.

Zur Jagd

Anders als das Rebhuhn wird der Fasan noch häufiger auf herbstlichen Gesellschaftsjagden – oft auch in Verbindung mit anderem Niederwild wie etwa Hasen – bejagt. Je nach Gebiet und Tradition werden diese Jagden etwa als Standtreiben oder Streifen durchgeführt, die den meisten Jägern wohlbekannt sind.

Im Folgenden sei daher nur eine vielleicht mancherorts etwas in Vergessenheit geratene, schonende Jagdart auf den Fasan hingewiesen – ergänzt durch ein paar Praxistipps.

Jagd mit Vorstehhund

Die Jagd mit Vorstehhund auf den Fasan läuft ähnlich ab wie die Hühnersuche beim Rebhuhn: mit höchstens einer Handvoll guter Schützen und zumindest einem gut ausgebildeten Jagdhund.

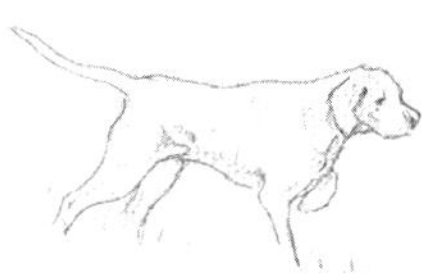

Die beste Zeit für eine solche Suchjagd ist Ende Oktober. Die Fasane liegen dann meist noch in niedriger Deckung im Feld. Je später es ins Jahr geht, umso mehr sollte man dort jagen, wo es mehr Deckung gibt. Jagden in kleineren, lockeren Waldbeständen sollten nicht stattfinden, bevor das Laub gefallen und die Deckung niedergefroren ist.

Die Schussentfernungen liegen zwischen 15 und höchstens 35 Meter. Flach abstreichende Fasane dürfen dabei nie von hinten beschossen werden. Ebenso werden sitzende oder laufende Fasane – die „Infanteristen" – grundsätzlich nicht beschossen.

Vor dem Schuss

Da bei den meisten Fasanjagden nur Hähne erlegt werden sollen, ist ein Ansprechen nach dem Geschlecht vor dem Schuss wesentlich. Bei gutem Licht erkennt man Hennen an sich gut an ihrem helleren, tarnfarbigen Federkleid gegenüber dem bunten Hahn. Als Silhouette unterscheiden sich Hahn und Henne vor allem dank der deutlich längeren Stoßfedern beim Hahn (siehe Fotos Seite 93). Doch Vorsicht: Dunkel gefärbte oder besonders langschwänzige Hennen können im Eifer der Jagd auch irrtümlich mit Hähnen verwechselt werden!

Gewehr und Munition

Traditionell jagt man auf Fasane mit Flintenmunition, deren Schrotdurchmesser 3 Millimeter (internationale Bezeichnung: 5) beträgt. Die Wahl der Flinte – ob Bock- oder Doppelflinte – hängt von persönlichen Vorlieben und Erfahrungen ab. Wichtiger als Flintenwahl, Kaliber und Schrotgröße ist allerdings das disziplinierte Einhalten der maximalen Schussentfernung.

Gut und schlecht halten

Hähne drücken sich meist schneller als Hennen. Daher ist es bei größeren Gesellschaftsjagden sinnvoll, Treiber so abzustellen, dass diese ein vorzeitiges Herauslaufen des Wildes aus dem Trieb durch Feldfurchen oder Gräben verhindern. Außerdem sollte man gute Schützen idealerweise auch zwischen dem Trieb und der nächstgelegenen Deckung postieren.

Drücken sich gleich mehrere Fasane auf engem Raum in einer Deckung, ist behutsames Vorgehen gefragt: Geht nämlich nur ein einzelner Treiber langsam in Richtung der Fasane, erhöht das die Chance, dass lediglich Einzelvögel oder jeweils kleine Buketts aufstehen – was dem Schützen das Ansprechen und Schießen erheblich erleichtert.

Nach dem Schuss

Die folgenden Ausführungen gelten sowohl für das Rebhuhn als auch den Fasan – in Folge einfach „Hühner" genannt. Sie beschäftigen sich mit allem, was nach dem Schuss passiert: von den Schusszeichen bis hin zur Wildversorgung.

Schusszeichen

Federwild – wie Rebhuhn oder Fasan – zeichnen oft deutlich nach dem Schuss, was für die Nachsuche wertvolle Aufschlüsse geben kann.

• Wie ein Stein vom Himmel

Fällt das Huhn nach dem Schuss völlig bewegungslos vom Himmel, kann man von einem tödlichen Treffer ausgehen.

• Himmeln

Bei einem Lungentreffer streicht das Huhn oft noch weiter, um plötzlich senkrecht in die Luft zu steigen – eben zu „himmeln" – und danach mausetot zu Boden zu fallen. Dieses Himmeln kann auch Zeichen für einen Kopftreffer sein, allerdings streichen so getroffene Hühner mitunter danach nur langsam zu Boden.

• Weidwund

Einen Weidwund-Treffer erkennt man daran, dass das Huhn kurz zusammenzuckt oder sich mit hängenden Ständern oder Stoß krümmt. Danach kann es durchaus noch ein Stück weiterfliegen, ehe es zu Boden gleitet oder sogar landet.

• Ständern

Ein geständertes Huhn erkennt man daran, dass es den verletzten Ständer im Flug herabhängen lässt. Ein solches Schusszeichen heißt aber nicht, dass Schrotkörner nicht auch woanders in den Körper eingedrungen sind. Nach der Landung steht ein geständertes Huhn häufig wieder auf. Es braucht daher meist einen zweiten Schuss, da es sonst nur schwer von den Hunden gegriffen werden kann. Hühner, die nur am Ständer verletzt worden sind, heilen dies oft aus. Eine Behinderung bleibt natürlich zurück.

• Getroffenes Rückgrat

Wird das Rückgrat getroffen, lässt das Huhn meist aufgrund der Lähmung die Ständer bewegungslos herunterbaumeln.

- Flügeln

Treffen Schrotkörner nur eine Schwinge, so schlägt das Huhn beim Herabfallen meist mit der gesunden Schwinge weiter. Dabei wird es oft noch mehrfach um die eigene Körperachse gewirbelt. Ist das Huhn nicht zu schwer verletzt, läuft es auf dem Boden weiter, bis es sichere Deckung findet. Eine Nachsuche auf geflügeltes Federwild gestaltet sich daher mitunter schwierig.

Nachsuche

Jedes Huhn, ob es nun vermutlich gefehlt wurde oder auf den Schuss hin gezeichnet hat, ist in jedem Fall nachzusuchen! Was dabei zu beachten ist, steht im nun folgenden Kapitel.

- Nur mit Hund

Gerade beim Flugwild gilt der Satz besonders: „Jagd ohne Hund ist Schund." Selbst tödlich getroffene Vögel sind nicht immer leicht zu finden. Umso schwieriger wird es natürlich bei schlechten Schüssen, wenn das nicht verendete Huhn noch aus eigener Kraft Deckung sucht. Ohne Hund ist man in solchen Fällen oftmals verloren. Und man bereitet dem Wild unnötige Qualen.

- Weiträumige Suche

Gerade geflügelte Fasane oder Rebhühner laufen oft auf dem Boden noch erstaunlich weite Strecken. Daher ist es wichtig, mit dem Hund auch weiträumig nachzusuchen.

- Zeitpunkt

Krankgeschossene Hühner suchen Deckung auf und verharren in dieser – so sie nicht gestört werden. Bei sofortiger Nachsuche verstreichen solche Vögel manchmal noch weit. Daher ist es oft besser, etwa eine Stunde mit der Nachsuche zu warten.

Krankgewordenes Wild hat zudem für den Hund eine intensivere Witterung und die Verleitungen durch gesundes Wild

– etwa nach dem Schuss auf eine Kette Rebhühner – sind nicht mehr so groß.

Muss die Nachsuche aufgrund von Dunkelheit abgebrochen werden, so ist sie am nächsten Morgen fortzusetzen.

- Fangschüsse

Krankes Flugwild wird – so es die Sicherheit erlaubt – auch auf dem Boden oder im Wasser beschossen.

Apportiert der Hund noch lebendes Federwild, hat man es so rasch wie möglich zu töten. In der Praxis kann dies auf folgende Arten erfolgen:

- Abschlagen

Das Abschlagen erfolgt durch einen kräftigen Schlag auf den Kopf. Dazu eignen sich sowohl ein Stock als etwa auch der Griff des Gnickers. Selbstverständlich muss dabei das Messer fest in der Scheide sitzen.

- Abgnicken

Wie der Name schon sagt, gnickt man dabei das Federwild mit einem Messerstich in das Hinterhaupt ab.

- Halsumdrehen

In der Praxis üblich ist auch das Halsumdrehen: Dabei hält man das Wild mit einer Hand am Hals fest, dreht mit der anderen schnell und kräftig den Kopf um und bricht so das Genick.

- Abfedern

Früher galt auch das Abfedern als weidgerecht. Dabei riss man dem Huhn eine starke Schwungfeder aus und stach ihm mit dem Kielende der Feder durch das Hinterhauptloch. Da diese Tötungsart allerdings sehr viel Übung erfordert, die heute nicht mehr viele Jäger mitbringen, ist davon abzuraten.

Wildversorgung

Bei erlegtem Federwild gilt – wie bei anderem Wild auch –, dass das Ausweiden an einem hygienisch geeigneten Ort erfolgen sollte und das Wild möglichst rasch in den Kühlraum gehört. Ist dies nicht möglich, sollte man nach der Erlegung zumindest das Wild nicht im Rucksack oder in großen Taschen transportieren. Mehrere erlegte Hühner auf einer Ladefläche eng nebeneinander oder gar aufeinander zu legen, ist ebenfalls zu vermeiden. Für den Ersttransport bewährt sich etwa eine Holzstange als Galgen. Um auf einem solchen halbwegs gut auszukühlen, dürfen die Hühner allerdings nicht zu dicht gehängt werden.

Streckenlegung

Eine kurze Streckenlegung und das Verblasen sind selbstverständlich unmittelbar nach der Jagd möglich. Keinesfalls sollte man aber Strecke mit bereits ausgeweideten Stücken mit offener Körperhöhle legen.

Lagerung

Laut EU-Recht und der Lebensmittel-Direktvermarktungsverordnung darf unausgeweidetes und ungehäutetes Federwild höchstens 7 Tage bei einer Temperatur von unter 4 Grad Celsius gelagert werden. Dafür ist aus hygienischen Gründen ein geeignetes Kühlhaus unverzichtbar. Eine „kühle Lagerung" lediglich in einer Scheune, einem Keller oder einer Halle reicht nicht aus, um ein hochwertiges Lebensmittel zu garantieren.

Aus hygienischer Sicht sollte das Ausweiden spätestens am dritten Tag nach der Erlegung erfolgen.

Ausweiden

Das früher übliche Aushakeln von Federwild mit Metallteilen oder gar einem Stück Holz ist längst nicht mehr zeitgemäß. So nicht schon vom Schuss verletzt, wird dabei nämlich nur der

Darm durchstoßen oder gar abgerissen. Beides hat zur Folge, dass Darminhalt in die Körperhöhle austritt.

Das Ausweiden sollte heute daher wie folgt durchgeführt werden: Mit einem sauberen Schnitt von der Kloake ausgehend werden die inneren Organe rasch und einfach entfernt (siehe Fotos Seite 94). Den Kropf (siehe Seite 95 unten) öffnet man mittels Längsschnitt, nachdem die umgebende Haut freigerupft worden ist. Der Inhalt des Kropfes ist entweder komplett zu leeren oder gleich der gesamte Kropf zu entfernen. Somit kann der Inhalt nicht gären, und die Qualität des Wildbrets bleibt erhalten.

Reinigung

Wie für Schalenwild gilt auch bei Federwild der Grundsatz, dass der Tierkörper nur mit Trinkwasser gereinigt werden darf. Stark verschmutzte Teile sind zuvor mit dem Messer abzuschärfen. Das Auswischen mit Tüchern, Küchenrollen oder gar mit Gras oder Laub ist völlig falsch, da dadurch weder Schmutz noch Keime beseitigt, sondern lediglich im Wildkörper weiter verteilt werden.

Untersuchung Organe

Auch beim Niederwild ist es erforderlich, die entfernten Organe – insbesondere Leber und Milz – auf auffällige Veränderungen hin zu untersuchen. Bei einer Direktvermarktung ist diese Untersuchung von einer „Kundigen Person“ durchzuführen.

Trophäen

Zu guter Letzt noch ein Wort zu den Erinnerungsstücken bei Rebhuhn und Fasan.

Abgesehen von einzelnen Schmuckfedern – beim Rebhuhn etwa die schön gezeichnete Deckfeder der Henne oder die langen Deichselfedern beim Fasanhahn –, die man als Erinnerung aufbewahren will oder gar auf den Hut steckt, bieten sich bei beiden Wildarten natürlich auch Ganzkörperpräparate an, zum Beispiel ein kopffallender Fasan als Stillleben.

... und bevor Sie in den Bildteil zum Fasan eintauchen, legen wir Ihnen noch weitere fabelhafte Fibeln aus dem Österreichischen Jagd- und Fischerei-Verlag wärmstens ans Herz:

5. Bildteil Fasan

Fasanhahn vor Rapsfeld.

Fasane stammen zwar ursprünglich aus fremden Ländern, gehören aber längst auch bei uns zum vertrauten Bild. Wo sie sich wohlfühlen und wie sie leben, beleuchtet der nachfolgende Bildteil.

Zwischen Hecke und Brache.

Hier fühlt sich ein Fasan im Sommer zu Hause: Brache und Hecke schaffen auf einem an sich intensiv genutzten Landwirtschaftsboden Lebensraum.

Wie in alten Zeiten.

Kleinstrukturierte Landwirtschaft, viele Randlinien und dazu noch jede Menge Büsche und auch Bäume: So sieht ein idealer Fasan-Lebensraum aus.

Keine Wasserscheu.

Fasane kommen auch an Wasserflächen bestens zurecht. Dort bewegen sie sich häufig in Ufernähe und finden perfekte Deckung im Schilf.

Schilfähnlicher, neuer Lebensraum.

Chinaschilf, das vor allem als Heizmaterial angebaut wird, bietet dem Fasan vieles: Deckung, lichten Boden und Ruhe durch nur eine Ernte im Jahr.

Aufgelockerte Buschhecke im Mai.

Die Kombination aus nicht intensiver Landwirtschaft mit Wildkräutern, Schilf und Büschen schafft hier gute Lebensbedingungen für den Fasan.

Randlinien durch Altgrasbestand.

Solche Schneisen schaffen nicht nur wichtige Randlinien, sondern ermöglichen vor allem Küken, nach feuchtem Wetter schneller abzutrocknen.

Kraut als Ganzjahrespflanze.

Der Markstammkohl entlang der Hecke garantiert über die warme Jahreszeit Deckung und Insektennahrung für die Küken, im Winter süße Grünäsung.

Unten licht, oben dicht.

Genauso wichtig wie die Deckung nach oben ist dem Fasan ein lichter Untergrund. Nur so kann er sich laufend rasch in Sicherheit bringen.

Fasanhenne auf Randlinie.

Zu jeder Jahreszeit bewegen sich Fasane entlang von Randlinien, um sich an ihnen im Gelände zu orientieren – selbst wenn die Tarnung schlecht ist.

Vom Schlafbaum ins Revier.

Am Morgen fliegen Hähne auf die Freiflächen, um ihr Revier für die Balz abzustecken. In der Dämmerung geht es wieder zurück zum Schlafbaum.

Auf Aussichtswarte.

Solche Äste werden von Jungvögeln durchaus auch als Schlafplätze verwendet. Dieser Altvogel hält allerdings nur Ausschau nach Hennen und Rivalen.

Ruf und Flügelschlag.

Unmittelbar nach dem Revierruf schlägt der Hahn deutlich hörbar mit den Flügeln. Trotz viel Wind hebt er dabei allerdings nicht vom Boden ab.

Wilder Revierkampf.

Zu solchen Auseinandersetzungen kommt es nur zwischen annähernd gleichrangigen Hähnen. Trotz Schnabel und Sporn enden sie meist unblutig.

Futterpicken zur Anbahnung.

Scheinbar nach Futter pickend, wirbt der Hahn für sich. Um zu imponieren, ist der Stoß nach oben und zur Henne gerichtet.

Auf Kuschelkurs.
Mit gesenktem, zur Henne geneigtem Flügel sowie gefächerten Stoßfedern geht der Hahn auf Tuchfühlung und will dabei möglichst mächtig wirken.

Am Ziel.
Der Hahn tritt die Henne oft mehrmals am Tag. Mitunter kommt es auch noch zur Paarung, wenn Hennen bereits brüten und kurz das Nest verlassen.

Gelege im hohen Gras.

Eine Henne legt nur so viele Eier, wie sie unter dem Körper auch ausbrüten kann. Mit dem Brüten beginnt sie erst, wenn das letzte Ei gelegt ist.

Henne mit etwa 3 Wochen alten Küken.

Auf der gemeinsamen Nahrungssuche entfernen sich Küken immer nur auf Sichtkontakt. Auf Freiflächen wie hier können das bis zu fünf Meter sein.

Auf Tauchstation.

In bereits geduckter Haltung sucht diese Henne mit ihren Küken Deckung. Ist der Boden wie hier nicht einfärbig, hilft das Tarngefieder enorm.

Henne mit 3 Monate alten Jungvögeln.

Zwei Jungvögel, in der Mitte die Henne: Trotz Fürsorge sind gerade die ersten Lebenswochen gefährlich. Der Straßenverkehr bleibt es auch später.

In voller Pracht.

Die geschwollenen Rosen und Wangenlappen eines Hahnes in Vollbalz. Gut zu sehen sind auch die grün schimmernden Federohren oder „Hörner".

Fasansporn.

Nur Hähne haben auf den Ständern solche Sporne. Dieser hier ist lang, spitz und glänzend und weist auf einen Hahn hin, der über ein Jahr alt ist.

Flugbild Hahn.

Selbst als Schattenriss wäre dieser Hahn aufgrund seines langen Stoßes leicht anzusprechen. Im Flug legen Fasane ihre Ständer nach hinten.

Flugbild Henne.

Bei gutem Licht am hellen Federkleid leicht als Henne anzusprechen. Als Silhouette könnten die etwas längeren Stoßfedern an einen Hahn erinnern.

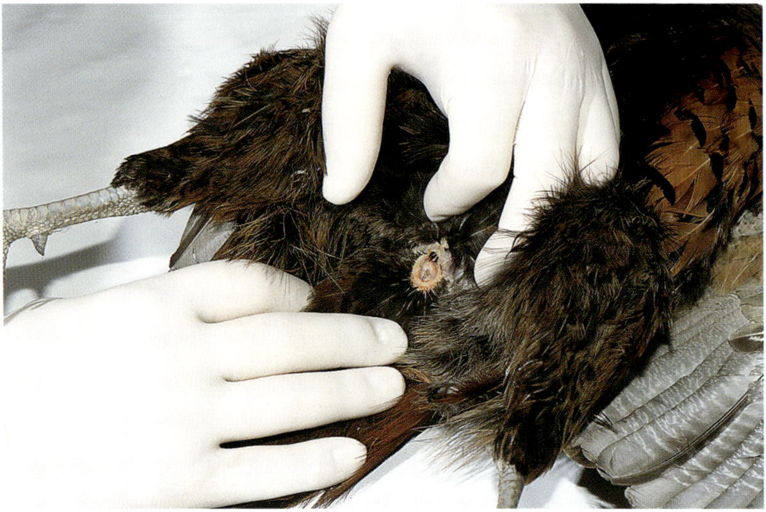

Kloake als Ausgangspunkt.

Sauberes Ausweiden läuft bei allen Hühnervögeln – ob Rebhuhn oder Fasan – gleich ab: Von der Kloake weg wird der Bauchraum geöffnet.

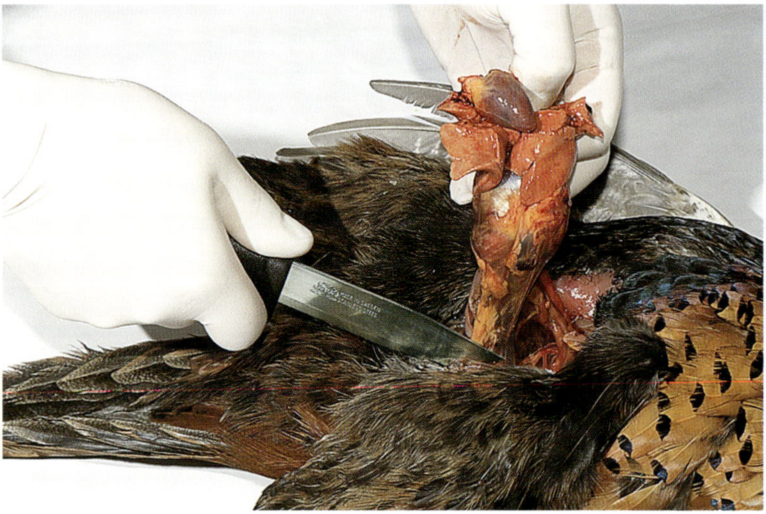

Entnahme der inneren Organe.

Mit scharfem Messer und nach sauberem Schnitt können die Innereien entfernt werden. Beim oberen Daumen ist das Fasan-Herz gut zu sehen.

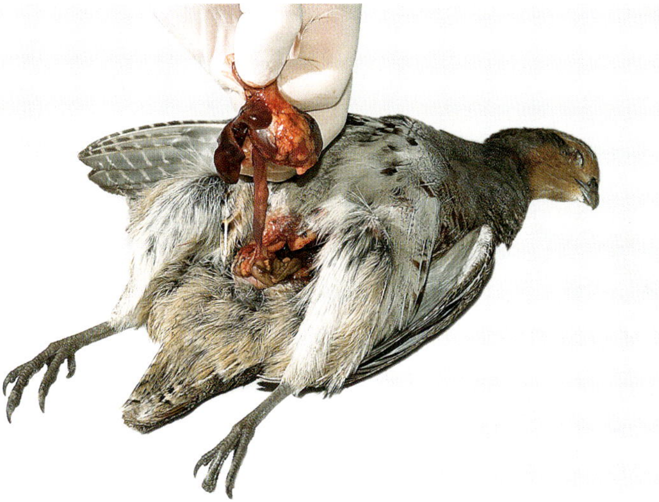

Ausweiden eines Rebhuhns.

Nach dem gleichen Muster geht man auch beim Rebhuhn vor. Wie hier können dabei Leber und Lunge genau auf Krankheiten untersucht werden.

Freischärfen des Kropfes.

Nach Rupfen der umgebenden Haut wird der Kropf mit Längsschnitt freigelegt und danach entweder entleert oder vollständig entfernt.

Mehr als nur ein Farbtupfen.

Der Fasan hat sich seinen Platz in unserer Kulturlandschaft längst erobert. Und er ist und bleibt weit mehr als nur ein faszinierendes Jagdwild.